幽梦影

幽梦续影

［清］张潮
［清］朱锡绶 著

吴言生 译注

《禅境丛书》编委会

于　蓉	于长成	牛爱辉	王巧燕	王水华	孔德顺
田淮民	仝克明	冯　毅	许森荃	曲德柱	安伟娇
闫越强	任吉宏	吕晓洁	陆建冲	陆勇旭	杨桂红
杨志煌	杨继平	宋志强	杜长洪	辛鹏宇	何玉萍
李俊英	李云昌	李怀银	李　勇	李　杰	李超飞
李德祥	吴正平	张　杰	张建新	张　嵘	张和滨
张新汶	张了凡	张子睿	张兆祥	邵跃明	欧阳秀奇
周惠明	林春萍	尚建华	禹学尧	赵春福	赵轶君
郝续宽	郭永贵	郭正文	徐宏波	倪小诚	殷国强
黄健华	黄友平	黄　漫	谢松力	谢鹏飞	董纹利
韩绍毅	韩京华	黎泽棉	薛建英	薛志群	魏延杰

清言·慧语·禅境

——《禅境丛书》序

一

因缘本是前生定，一笑相逢对故人。人与人的相逢，人与禅境的相遇，全都仰赖于一个缘字。正是这一个缘字，让我们穿越时空，相会在当下，相会在清言、慧语、禅境里。

我从哪里来，我来做什么，我到哪里去？这三个问题，是所有宗教都必须回答的问题。对于第一个和第三个问题，且借用一句"从来处来，到去处去"的禅语，将来与去交还给来与去，这里只谈谈第二个问题：我来干什么？

我们在这个世界上，到底是来做什么呢？对于芸芸众生而言，就是在五欲六尘中打转。所谓五欲，就是财、色、名、食、睡，使我们终其一生为之殚精竭虑，绞尽脑汁，耗神劳心；所谓六尘，就是色、声、香、味、触、法，它们像灰尘一样，污染着眼、耳、鼻、舌、身、意六种感觉器官。人被五欲六尘所转，就在苦海之中头出头没，轮回不止。"心为形役，尘世马牛；身被名牵，樊笼鸡犬。"（《小窗幽记》）纵然地位尊荣，声名显赫，家财万贯，但最终"阎王照样土里拖"！我们这一生岂不是过于悲凉，"回头试想真无趣"！

确实，轮回在五欲六尘中的众生，在苦海中头出头没，在欲界色界无色界苦苦煎熬。从终极意义上看，生命没有任何意义可言，四大五蕴皆是空。滚滚长江东逝水，浪花淘尽英雄，风流总被雨打风吹去。有一首禅偈说："天是棺材盖，地是棺材底。跑来与跑去，总在棺材里！"如何冲破五欲的束缚，摆脱六尘的污染；如何在红尘中修行，在俗世中成就，如何把烦恼痛苦的红尘世界，转化为快乐幸福的修行道场，是一个极为重要的命题。

对这个命题，历史上得道的圣贤们一直在探讨实践，以他们冷隽的眼光，热情的心肠，为芸芸众生指明了解脱超越的方向。儒家标举孔颜乐处，塑造了将不义的富贵看作浮云的孔圣人、箪食瓢饮在陋巷中怡然自得的颜回；道家标举逍遥游，塑造了骑着青牛远涉流沙的老子、持着钓竿自得于濮水的庄周；释家标举在世出世，塑造了放弃王位苦苦修行、普度众生的佛陀。三教圣人倒驾慈航，为世人指点迷津。每一个中国人的精神生命，无不受到这三家文化的恩惠和滋养；每个中国人的精神基因里，都深深烙上了三教思想的印记。在中国文化的长河中，将三家精髓落实到生活中，运用到红尘里，将凝重的经典转化为审美的人生，将圣人的感悟转化为人生的智慧，明清的清言小品实在是居功甚伟。

二

"清言"，又称清语、冰言、隽语等。所谓"清"，是指与混浊的尘世相比而言的清明美好的境界。"小品"一词原为佛家用语，佛家将佛经的全本或繁本称为"大品"，与之相对的节略本称为"小品",因此小品的本义是指佛家经典的简略译本。明代使用小品这一概念,主要是和那些高头讲章区别开来。清言小品这种体裁,在唐宋之前以《世说新语》为代表,唐宋以后开始大量涌现,主要是受了禅宗语录的影响。中唐以后,记录高僧说法的禅宗语录广为盛行,到宋代出现了摹拟它的儒家学者的语录,如《朱子语类》等。到了明代,清言小品蔚然兴起,成为一种特殊的文学形式。由于道德桎梏有所松弛,文人们可以自由大胆地表露性灵,文坛上涌现了一批极具个性、创造力极为旺盛的才子,性情的解放达到了高潮。而清言小品这种形式,不拘长短,不泥骈散,随手点染,最适于抒发性情,为文人们写作时所青睐。他们竞相创作,涌现了一批立意警拔、韵律谐美、清畅优美的清言类著作,林语堂先生将之称为"享受自然和人生的警句和格言"。其中最具代表的首推《菜根谭》。

《菜根谭》是明朝万历间问世的一部奇书,它是绝意仕途的隐士洪应明写的一本语录体著作。北宋学者汪信民说,一个人能够"咬得菜根",则"百事可做"。洪应明以"心安茅屋稳,性定菜根香"为主旨,写下了脍炙人口的菜根箴言,成为流传广远的格言体人生智慧宝典。全书融合了儒家的中庸、道家的无为、释家的超脱,搅酥酪长河成一味,熔瓶盘钗钏为一金。《菜根谭》中的箴言,适用于社会各个阶层的人,特别是为古代的士君子们展示了一种梦寐以求的理想生活:隐居在幽静美丽的世外桃源,炉烟袅袅,茶香悠悠,幕天席地,醉卧落花,有山水清音,有菜根香韵。并且,即便是置身红尘闹市,也能任他红尘滚滚,我自清风明月,百花丛中过,片叶不沾身。它所标举的风致情怀,受到了普遍的击节赞赏。

　　《娑罗馆清言》是明代文学家屠隆（1543—1605）的杰作。屠隆，字长卿，又字纬真，号赤水、纬真子、娑罗馆主，鄞县（今浙江宁波鄞州区）人。万历五年（1577）进士。他在县令任上，经常招携当地名士登山临水，饮酒赋诗，并以"仙令"自许。罢官归隐田园之后，过上了许多中国文人心仪神往的诗书耕读生活。他曾追随明末四大高僧之一的莲池大师修习佛法，故《娑罗馆清言》染上了浓重的禅学色彩。佛祖释迦牟尼在娑罗树下进入涅槃，书名用"娑罗"二字，说明屠隆的情怀志向与佛教密切关联。《娑罗馆清言》是一部禅学珍言集，是作者"踟跃出定，意兴偶到"（《自序》）之际用神来之笔创作而成的"积思玄通，孤情直上"之作。（章载道《清言叙》）对此作者在《自序》中也不无自负之情："余之为清言，能使愁人立喜，热夫就凉，若披惠风，若饮甘露。"

　　《小窗自纪》是明末文人吴从先撰写的清言小品集。吴从先，字宁野，号小窗，江苏常州人。毕生博览群书，醉心著述。他的朋友吴逵述他："为人慷慨淡漠，好读书，多著述，世以文称之；重视一诺，轻挥千金，世以侠名之；而不善视生产，不屑争便径，不解作深机，世又以痴目之。"（《小窗清纪·序》）可见他除了文誉炽盛之外，还有豪侠仗义、耿直任性、憨厚醇正的品性。全书将为人处世的智慧，修身养性的箴言，娓娓道来，情文并茂。才气横溢，对仗精工，隽永精粹，耐人寻味。

　　《小窗幽记》是托名明末文学家陈继儒（1558—1639）的一部著作。陈继儒，号眉公，松江华亭（今上海松江）人，文名重于当世。《明史》称他"短翰小词，皆极风致……或刺取琐言僻事，诠次成书，远远竞相购写"。也许是有人看到了他的盛名所蕴含的巨大价值，将晚明陆绍珩辑录的《醉古堂剑扫》改头换面，用《小窗幽记》的书名，在乾隆三十五年（1770）出版。出版之后，世人深信它为眉公所辑，这当是因为此书立意警拔，智慧深邃，情致洒脱，正符合世人心目中的眉公形象。前人在《序言》中盛赞它"语带烟霞，韵谐金石"，可见其境界高华，品位超俗。《小窗幽记》包罗了为人处世、情感个性、境界品位、怡情养性等诸多方面的内容。书中辑录的佳句来源广泛。书中倡导充满诗情和禅意的生活。摒落浮华，回归自然，凝神审美如一泓甜美而甘洌的清泉，滋润着红尘俗世中干涸皱裂的心灵。

《幽梦影》是清代张潮（1650—?）的作品。张潮，字山来，号心斋，安徽歙县人。屡战科场，连连失败，遂绝意仕途，闭门写作，广交文友。座中客常满，经年无倦色。这种生活方式为他带来了盛誉，强烈地刺激了他的文学创作。他在继承家业后，以写作和刻书为务，成为清初徽州府籍最大的坊刻家之一，这也为其著作刊行带来了便利。《幽梦影》纯粹为作者情趣的流露，他极为看重人生的"真"与"趣"，重性情，讲趣味，喜园林，爱山水，也爱美人，追求恣意洒脱、至情至性的生活状态。书中最为精彩的地方，就是他对审美感受独到而细腻的描绘。张潮在创作过程中，将平日心得写下来，交给朋友传阅评点，最后结集出版。这就意味着他一边创作，朋友们就在一边围观点赞。这样的互动模式激发了百余位学者共同欣赏、评点的热情。在原文中夹杂评语的方式，创造了新的写作模式，大大增强了人气和现场互动氛围，在当时就获得了极大的成功。《幽梦影》是一部唯美的作品，用美的眼光发现美的事物，作者是痴情之人，所写的都是痴情之语。"为月忧云，为书忧蠹，为花忧风雨，为才子佳人忧命薄，真是菩萨心肠。"《幽梦影》通篇充满着这种"菩萨心肠"，充满着"情必近于痴而始真"的真性情。正可谓不俗即仙骨，多情乃佛心。

《幽梦续影》是清代朱锡绶所作。朱锡绶，号弇山草衣，江苏太仓人，道光二十六年（1846）举人，曾任知县，能诗擅画。《幽梦续影》承张潮余绪，涉猎艺苑，感悟人生，也时有灵光闪现的神来之笔，充盈着高人趣味和雅士情怀。今与《幽梦影》合成一册。

《围炉夜话》是清代咸丰时人王永彬写的一部劝世之作，涵盖了修身养性、为人处世、治学立业、教子齐家等诸多人生话题。与《菜根谭》、《小窗幽记》一起被后世称为"处世三大奇书"。作者以儒家思想为根基，洞察人情，见微知著，振聋发聩。以儒家的思想来观照禅学，把佛教的修行落实于日常的待人接物上，是此书的一大特色。所谓"肯救人坑坎中，便是活菩萨"，"作善降祥，不善降殃，可见尘世之间，已分天堂地狱"。书中还特别重视对青少年的教育和培养。阅读这本书，就像一群后生跟着一位饱经沧桑、德高望重的长者，在白日的喧嚣后安静下来，围着温暖的火炉，脸上映着红彤彤的火苗，兴致盎然地听他娓娓而谈，让人感觉世界是如此宁静、生活是如此美好。

《偶谭》为明代李鼎所著。李鼎字长卿，豫章（今江西南昌）人。《偶谭》篇幅短小，"兴到辄成小诗，附以偶然之语，亦云无过三行"，但碎金美玉，时时可见。通篇充溢着睿智洒脱的禅学气息、玲珑透彻的人生感悟。因本书篇幅较小，所以和《围炉夜话》合为一册。

三

《禅境丛书》选入的八部明清小品，都充满人生智慧，文质双美，表里澄澈。

形式之美。一是对仗工整。它们几乎都是清一色的对句（联语、对语、偶语、韵语），有联珠贯玉之美。二是短小精粹。作者即兴点染，不拘一格，篇幅短小，轻松易读。三是音律谐美。这些清言隽语，字字珠圆，句句玉润。读来朗朗上口，谐金石之声，夺宫商之韵。四是譬喻巧妙。行云流水，悟透般若智慧；巧譬妙喻，道破尘缘万象。五是雅俗兼采。在自铸新词的同时，还征引、化用先哲格言、佛禅慧语、古典名句。六是通俗易懂。借鉴了语录体的创作，让读者读得懂，也想得通。

内容之美。举凡修身养性、为人处世、日常伦理、出世入世、高人风致、隐士情怀、山水品鉴、审美感受等，无不网罗殆尽。儒家、道家、释家，三教思想兼融；入世、出世、济世，三圣情怀并具。中国文化三教合流，这在清言中也体现得非常明显。清言汲取儒家思想菁华，强调安贫乐道的精神；汲取道家思想菁华，标举虚静无为的风度；吸取佛家思想菁华，提倡超凡入圣的禅境。这些作品博采诸家，并洋溢着山居的气象和情趣。在清言中，俗世生活往往受到否定，山林生活总是得到肯定，令人向往："交市人不如友山翁"（《菜根谭》），"居绮城不如居陋巷"（《小窗自纪》），"一生清福，只在茗碗炉烟"（《小窗幽记》）。禅意的山居，并不限于山林，在红尘中活出山林的气象，才是真正的山林。"有浮云富贵之风，而不必岩栖穴处。"（《菜根谭》）

相反，如果一个人不能悟道，就会"居闹市生嚣杂之心"（《娑罗馆清言》）。因此，只要心中宁静，红尘不异山林，喧嚣不碍宁静："心地上无风涛，随在皆青山绿水"，"心远处自无车尘马足"。（《菜根谭》）"胸藏丘壑，城市不异山林；兴寄烟霞，阎浮有如蓬岛。"（《幽梦影》）于是，好酒而不滥饮，好色而不滥交，好财而不贪婪，好道而不弃家，就成了心向往之的人生境界。作为前贤感悟人生的成果，这些作品把人生的要义、处世的妙谛、修炼的体会，在只言片语中阐发无遗，诚可谓"冷语、隽语、韵语，即片语亦重九鼎"（吴从先《小窗自纪》）。

清言慧语，展现了澄明高远的禅境，堪称现代人修身养性的指南。如：

动静圆融的禅境："定云止水中，有鸢飞鱼跃的气象。"（《菜根谭》）"至人除心不除境，境在而心常寂然。"（《续娑罗馆清言》）

出入不二的禅境："人能看得破认得真，才可以任天下之负担，亦可脱世间之缰锁。"（《菜根谭》）"必出世者方能入世"，"必入世者方能出世"。（《小窗自纪》）"宇宙内事，要担当，又要善摆脱。"（《小窗幽记》）

定力深厚的禅境："风斜雨急处，要立得脚定；花浓柳艳处，要着得眼高。"（《菜根谭》）

无住生心的禅境："风来疏竹，风过而竹不留声；雁渡寒潭，雁去而潭不留影。""竹影扫阶尘不动，月轮穿沼水无痕"，"水流任急境常静，花落虽频意自闲。"（《菜根谭》）

苦乐由心的禅境："知足者仙境，不知足者凡境。""心无染着，欲界是仙都；心有挂牵，乐境成苦海矣。""人生福境祸区，皆念想所造成。""世亦不尘，海亦不苦，彼自尘苦其心尔。"
(《菜根谭》)

证悟空性的禅境："山河大地已属微尘，而况尘中之尘；血肉身躯且归泡影，而况影外之影。"(《菜根谭》)

圆满无瑕的禅境："此心常看得圆满，天下自无缺陷之世界。"(《菜根谭》)

宠辱不惊的禅境："宠辱不惊，闲看庭前花开花落；去留无意，漫随天外云卷云舒。"(《菜根谭》)

确实，虽然尘世溷扰喧嚣，但只要我们养成一种超越的精神、不染的心境、随缘的态度、洒脱的情怀，就能在世俗红尘中，感悟到禅境的宁静高远、澄澈美丽。

四

《幽梦影》说："著得一部新书，便是千秋大业；注得一部古书，允为万世弘功。"清言作家们，泽被后世；而我注译这套《禅境丛书》，却并不奢望为"万世弘功"，只是出于纯粹的爱好和兴趣。多年来，我一直憧憬着《禅境丛书》所描绘的生活，所以带着欢喜心，把禅的感悟分享给大家。

本丛书的整理，包括校勘、译文、注释几个方面。

版本：择优而选。《菜根谭》用日本流行本；《娑罗馆清言》用宝颜堂秘笈本；《小窗自纪》用万历本；《小窗幽记》用乾隆本；《幽梦影》用康熙本；《幽梦续影》用漱喜斋刻本；《围炉夜话》用通行本；《偶谭》用丛书集成初编本。

校勘：对每一种作品的几种版本相互参校，择善而从，不出校记；对相重的篇目，注明亦见某书，不作繁琐考论。对原书中有些迂腐不当的条目，没有选入。

译文：为便于读者理解，在每一则原文上新加了标题。考虑到原文多是对句，译文也基本采取了大体整齐的句式。用意译和直译相结合的方式，尽量兼顾严谨与灵活。

注释：只对必要的典故、词语加以注释。对可以在译文中体现出意思的典故，为节省篇幅，不再另行作注。

当今之世，我们内心的那份真性情早已被滚滚红尘封闭禁锢了，被"妖歌艳舞"淹没了，以致我们与它"当面错过"，"咫尺千里"。（《菜根谭》）阅读这套丛书，可以重现尘封已久的真性情、真面目。当我们苦于城市的嚣嚷时，心灵必然要找一方净土。而这方净土不在别处，就在《禅境丛书》所展现的禅天禅地之中。

现在，就让我们摒落尘缘万象，挑起云水襟怀，随同澄明的智者们，攀登智慧的山峰，进入禅意的境界，品鉴禅悟人生的无限风光吧！

灵山一会犹然在，禅天禅地一笑逢。

我相信，当我们慢慢品味禅境时，会觉得菜根越来越甘甜醇厚，娑罗树间的月色越来越清亮如水，小窗里的灯烛越来越摇曳生姿，幽梦中的倩影越来越美丽多情，围炉边的叙谈越来越温暖如春……

吴言生

2016 年 3 月 31 日于佛都长安

目　录

幽梦影

［清］张　潮　著

幽梦影序一

余穷经读史之余，好览稗官小说，自唐以来不下数百种。不但可以备考遗志，亦可以增长意识。如游名山大川者，必探断崖绝壑；玩乔松古柏者，必采秀草幽花。使耳目一新，襟情怡宕。此非头巾褦襶、章句腐儒之所知也。

故余于咏诗撰文之暇，笔录古轶事、今新闻，自少至老，杂著数十种。如《说史》、《说诗》、《党鉴》、《盈鉴》、《东山谈苑》、《汗青余语》、《砚林不妄语》、《述茶史补》、《四莲花斋杂录》、《曼翁漫录》、《禅林漫录》、《读史浮白集》、《古今书字辨讹》、《秋雪丛谈》、《金陵野抄》之类，虽未雕版问世，而友人借抄，几遍东南诸郡，直可傲子云而睨君山矣！

天都张仲子心斋，家积缥缃，胸罗星宿，笔花缭绕，墨沈淋漓。其所著述，与余旗鼓相当，争奇斗艳，如孙伯符与太史子义相遇于神亭；又如石崇、王恺击碎珊瑚时也。其《幽梦影》一书，尤多格言妙论。言人之所不能言，道人之所未经道。展味低徊，似餐帝浆沆瀣，听钧天之广乐，不知此身在下方尘世矣。至如："律己宜带秋气，处事宜带春气"、"婢可以当奴，奴不可以当婢"、"无损于世谓之善人，有害于世谓之恶人"、"寻乐境乃学仙，避苦境乃学佛”，超超玄箸，绝胜支、许清谈。人当镂心铭肺，岂止佩韦书绅而已哉！

鬓持老人余怀广霞制

幽梦影序二

　　心斋著书满家，皆含经咀史，自出机杼，卓然可传。是编特其一脔片羽，然二才之理，万物之情，古今人事之变，皆在是矣。顾题之以"梦"且"影"云者，吾闻海外有国焉，夜长而昼短，以昼之所为为幻，以梦之所遇为真；又闻人有恶其影而欲逃之者。然则梦也者，乃其所以为觉；影也者；乃其所以为形也耶。廋辞隐语，言无罪而闻足戒，是则心斋所为尽心焉者也。读是编也，其亦可以闻破梦之钟，而就阴以息影也夫！

江东同学孙致弥题

幽梦影序三

张心斋先生，家自黄山，才奔陆海。栴榴赋就，锦月投怀；芍药词成，繁花作馔。苏子瞻十三楼外，景物犹然；杜牧之廿四桥头，流风仍在。静能见性，洵哉。人我不间，而喜嗔不形，弱似胜衣。或者清虚日来，而滓秽日去。怜才惜玉，心是灵犀；绣腹锦胸，身同丹凤。花间选句，尽来珠玉之音；月下题词，已满珊瑚之笥。岂如兰台作赋，仅别东西；漆园著书，徒分内外而已哉！

然而繁文艳语，止才子余能，而卓识奇思，诚词人本色。若夫舒性情而为著述，缘阅历以作篇章，清如梵室之钟，令人猛省；响若尼山之铎，别有深思，则《幽梦影》一书，余诚不能已于手舞足蹈，心旷神怡也。

其云"益人谓善，害物谓恶"，咸仿佛乎外王内圣之言；又谓"律己宜秋，处世宜春"，亦陶熔乎诚意正心之旨。他如片花寸草，均有会心；遥水近山，不遗玄想。息机物外，古人之糟粕不论；信手拈时，造化之精微入悟。湖山乘兴，尽可投囊；风月维谭，兼供挥麈。金绳觉路，弘开入梦之毫；宝筏迷津，直渡广长之舌。以风流为道学，寓教化于诙谐，为色为空，知"犹有这个在"；如梦如影，且"应作如是观"。

湖上晦村学人石庞天外氏偶书

幽梦影序四

记曰："和顺积于中，英华发于外。"

凡文人之立言，皆英华之发于外者也。无不本乎中之积，而适与其人肖焉。是故其人贤者，其言雅；其人哲者，其言快；其人高者，其言爽；其人达者，其言旷；其人奇者，其言创；其人韵者，其言多情思。张子所云："对渊博友如读异书，对风雅友如读名人诗文，对谨饬友如读圣贤经传，对滑稽友如阅传奇小说。"正此意也。

彼在昔立言之人，到今传者，岂徒传其言哉！传其人而已矣。今举集中之言，有快若并州之剪，有爽若哀家之梨，有雅若钧天之奏，有旷若空谷之音；创者则如新锦出机，多情则如游丝袅树。

以为贤人可也，以为达人、奇人可也，以为哲人可也。譬之瀛洲之木，日中视之，一叶百形。张子以一人而兼众妙，其殆瀛木之影欤？

然则阅乎此一编，不啻与张子晤对，罄彼我之怀！又奚俟梦中相寻，以致迷不知路，中道而返哉！

同学弟松溪王晫拜题

幽梦影　卷上

读书有时

读经宜冬，其神专也；读史宜夏，其时久也；读诸子宜秋，其致别也；读诸集宜春，其机畅也。

今译 读经书最适宜在冬天，因为冬天神智专一；

读史籍最适宜在夏天，因为夏日白昼漫长；

读诸子最适宜在秋天，因为秋天情致高远；

读文集最适宜在春天，因为春天生机舒畅。

点评 曹秋岳曰：可想见其南面百城时。

经传宜独看 史鉴宜共读

经传宜独坐读[1]，史鉴宜与友共读。

今译 经书以及解释经书的著作，

适合一个人独自静静研读；

史书以及品评历史的图书，

适合与朋友共同讨论研读。

注释　[1] 经传：儒家典籍经与传的统称。因经文简洁而艰深，疑难之处，作传加以阐明。

点评　孙恺似曰：深得此中真趣，固难为不知者道。

　　　　王景州曰：如此好友，即红友亦可也。

無善無惡是聖人　有善無惡是仙佛

無善無惡是聖人，善多惡少是賢者，善少惡多是庸人，有惡無善是小人，有善無惡是仙佛。

今译　泯灭了善恶分别的观念，是圣人；

　　　　善事做得多恶事做得少，是贤人；

　　　　善事做得少恶事做得多，是庸人；

　　　　只知道作恶而不愿为善，是小人；

　　　　只知道行善而从不作恶，是仙佛。

点评　黄九烟曰：今人一介不与者甚多，普天之下皆半边圣人也。○利之不庸者亦复不少。

　　　　江含微曰：先恶后善是回头人，先善后恶是两截人。

　　　　殷日戒曰：貌善而心恶者是奸人，亦当分别。

　　　　冒青若曰：昔人云：善可为而不可。唐解元诗云："善亦懒为何况恶？"当于有无、多少中更进一层。

天下有一知己　终身即可无憾

天下有一人知己，可以不恨。不独人也，物亦有之。如菊以渊明为知己[1]，梅以和靖为知己[2]，竹以子猷为知己[3]，莲以濂溪为知己[4]，桃以避秦人为知己[5]，杏以董奉为知己[6]，石以米颠为知己[7]，荔枝以太真为知己[8]，茶以卢仝陆羽为知己[9]，香草以灵均为知己[10]，莼鲈以季鹰为知己[11]，瓜以邵平为知己[12]，鸡以宋宗为知己[13]，鹅以右军为知己[14]，鼓以祢衡为知己[15]，琵琶以明妃为知己[16]。一与之订，千秋不移。若松之于秦始[17]，鹤之于卫懿[18]，正所谓不可与作缘者也。

今译　普天之下，如有一人为知己，此生无憾。

不独人世间情形是这样，就连万物也同样是如此。

菊花把陶渊明当作知己，梅花把林和靖当作知己，

竹子把王徽之当作知己，莲花把周敦颐当作知己，

桃花把避秦人当作知己，杏树把董奉当作了知己，

石头把米芾当作了知己，荔枝把杨贵妃当作知己，

茶把卢仝陆羽当作知己，香草把屈原当作了知己，

莼鲈把张翰当作了知己，白鹅把王羲之当作知己，

军鼓把祢衡当作了知己，琵琶把王昭君当作知己。

一旦他们之间相互结盟，真情千古不渝传为美谈。

至于松树被秦始皇封官，鹤被卫懿公所特别宠爱，

则是不能随便订交之例。

注释　[1] 菊以渊明为知己：晋陶潜字渊明，性爱菊，其"采
　　　　菊东篱下，悠然见南山"一联，为千古名句。

　　　[2] 梅以和靖为知己：宋林逋梅妻鹤子，高尚不仕，隐
　　　　于杭州孤山，为世所称。林逋，字君复，又称和靖
　　　　先生。

　　　[3] 竹以子猷为知己：晋王徽之（王羲之子）字子猷，
　　　　为人高雅，生性喜竹，曾寄居空宅中，立即让人种
　　　　竹。有人问他为什么要这样，王徽之啸咏指竹说：
　　　　"何可一日无此君！"

　　　[4] 莲以周敦颐为知己：周敦颐为宋代理学之祖，所居
　　　　曰濂溪，世称濂溪先生。其名篇《爱莲说》对莲花
　　　　赋予了"花之君子"的极高评价。

　　　[5] 桃以避秦人为知己：晋陶潜《桃花源记》说人民为
　　　　避秦乱，来到世外桃源。

　　　[6] 杏以董奉为知己：三国吴董奉隐居匡山（今庐山），
　　　　为人治病不取钱，只要他们栽种杏树，日久杏树
　　　　成林。

　　　[7] 石以米颠为知己：宋米芾世称米颠，善书画，多蓄
　　　　奇石。呼石为兄，见石下拜。其《米襄阳集》记
　　　　载，米芾曾把自己得到的奇石题为"洞天一品石"。

　　　[8] 荔枝以太真为知己：唐玄宗爱妃杨玉环喜荔枝，玄
　　　　宗派人从四川采摘，飞马传递。

　　　[9] 茶以卢仝陆羽为知己：卢仝、陆羽均唐人，卢仝写

有《走笔谢孟谏议寄新茶》长诗，与陆羽《茶经》齐名。

[10] 香草以灵均为知己：战国楚屈原字灵均，其《离骚》创造了"香草美人，以喻君子"的诗歌传统。

[11] 莼鲈以季鹰为知己：晋张翰字季鹰，因见秋风起，思念吴中莼羹、鲈鱼脍，说："人生在世，贵在适意，怎可离家数千里求取功名?"就回到了故乡。

[12] 瓜以邵平为知己：秦人邵平，封东陵侯。秦亡后，家贫，种瓜于长安城东，瓜味鲜美，世称东陵瓜。

[13] 鸡以宋宗为知己：晋兖州刺史宋处宗曾买到一只长鸣鸡，非常爱惜，经常把鸡笼挂在窗前。鸡忽作人语，与处宗谈论，颇有玄远之致，终日不停。处宗因此功业大进。事见《幽明录》。

[14] 鹅以右军为知己：晋王羲之曾作右军将军，世称王右军。相传王羲之爱鹅，山阴道士遂用鹅换取王羲之书写的《黄庭经》。

[15] 鼓以祢衡为知己：汉代名士祢衡，为曹操鼓吏，奏《渔阳挝》曲，有金石之声，四座为之改容。

[16] 琵琶以明妃为知己：汉元帝宫人王嫱，字昭君，晋人避司马昭讳，改称明君，后人又称明妃。昭君出塞，托琵琶以寄相思。宋王安石《明妃曲》说她："含情欲说独无处，传与琵琶心自知。"

[17] 松之于秦始：秦始皇登泰山，在松下避雨，因封松树为五大夫。事见《汉官仪》。

[18] 鹤之于卫懿：卫懿公平时喜爱鹤，甚至让鹤乘坐华美的车子。狄人攻打卫国时，参战的士兵都说：

"还是让鹤去打仗吧。鹤有禄位，我们这些人怎么
能作战？"事见《左传·闵公二年》。

点评　查二瞻曰：此非松鹤有求于秦始、卫懿，不幸为其所
近，欲避之而不能耳。

殷日戒曰：二君究非知松鹤者，亦无损其为松鹤。

周星远曰：鹤于卫懿犹当感恩，至吕政五大夫之爵，直
是唐突十八公耳。

王名友曰：松遇封，鹤乘轩，还是知己，世间尚有；斸
松煮鹤者，此又秦、卫之罪人也。

张竹坡曰：人中无知己而下求于物，是物幸而人不幸
矣；物不遇知己，而滥用于人，是人快而物不快矣。
可见知己之难。知其难，方能知其乐。

无缘大慈　菩萨心肠

为月忧云，为书忧蠹，为花忧风雨，为才子佳人
忧命薄[1]，真是菩萨心肠。

今译　担心月亮被乌云遮蔽，担心图书被蠹鱼蛀损，
担心花儿被风雨摧折，担心才子佳人命运薄，
真是一副菩萨的心肠。

注释　　[1] 佳人命薄：宋苏轼《薄命佳人》：“自古佳人多命
　　　　　　薄，闭门春尽杨花落。”

点评　　余淡心曰：洵如君言，亦安有乐时耶？

　　　　孙松坪曰：所谓君子有终身之忧者耶。

　　　　黄交三曰：为才子佳人忧命薄一语，真令人泪湿青衫！

　　　　张竹坡曰：第四忧，恐命薄者消受不起。

　　　　江含徵曰：我读此书时，不免为蟹忧雾。

　　　　竹坡又曰：江子此言，直是为自己忧蟹耳。

　　　　尤悔庵曰：杞人忧天，嫠妇忧国，无乃类是？

人不可无癖

　　花不可以无蝶，山不可以无泉，石不可以无苔，水不可以无藻。乔木不可以无藤萝，人不可以无癖[1]。

今译　　鲜花不能没有蝴蝶环绕，大山不能没有泉水润泽，
　　　　青石不能没有苔藓滋生，渌水不能没有水草点缀，
　　　　乔木不能没有藤萝攀缘，而人不能没有独特癖好。

注释　　[1] 人不可以无癖：明末人强调性灵，所以极为看重个
　　　　　　人嗜好。如明袁宏道《瓶史·好事》：“余观世上
　　　　　　语言无味面目可憎之人，皆无癖之人也。”清张岱

《陶庵梦忆》卷四《祁止祥癖》："人无癖不可与
交，以其无深情也；人无疵不可与交，以其无真气
也。"癖，癖好，嗜好。

点评　黄石闾曰：事到可传皆具癖，正谓此耳。

孙松坪曰：和长舆却未许藉口。

🎵 春听鸟声夏听蝉　秋听虫声冬听雪

春听鸟声，夏听蝉声，秋听虫声，冬听雪声，白
昼听棋声，月下听箫声，山中听松风声，水际听欸乃
声[1]，方不虚生此耳。若恶少斥辱，悍妻诟谇[2]，真
不若耳聋也。

今译　春天听百鸟的和鸣，夏天听蝉儿的鸣噪。

秋天听凄凉的虫声，冬天听淅沥的雪声。

白昼听清幽的棋声，月下听呜咽的箫声，

山中听澎湃的松涛，水边听嘹亮的渔歌，

才没有白生了这双耳朵。

如果听到的不过是，轻薄无赖的羞辱声，

蛮横老婆的斥骂声，还不如耳聋了干净！

注释　[1] 欸乃：摇橹声。

[2] 诟谇：骂人连带吐口水，恶骂。

点评　黄仙裳曰：此诸种声颇易得，在人能领略耳。

朱菊山曰：仙老所居，乃城市山林，故其言如此。若我
辈日在广陵城市中，求一鸟声，不啻如凤凰之鸣，顾
可易言耶。

释中洲曰：文殊选二十五位圆通，以普门耳根为第一；
今心斋居士耳根不减普门，吾他日选圆通，自当以心
斋为第一矣。

张竹坡曰：久客者，欲听儿辈读书声，了不可得。

张迂庵曰：可见对恶少、悍妻，尚不若日与禽虫周旋
也。○又曰：读此方知先生耳聋之妙。

光景各不同　邀友亦有别

上元须酌豪友，端午须酌丽友，七夕须酌韵友，
中秋须酌淡友，重九须酌逸友。

今译　正月十五，须与豪气纵横的朋友饮酒；

五月初五，须与清秀美丽的朋友饮酒；

七月七日，须与风流儒雅的朋友饮酒；

八月十五，须与恬淡平和的朋友饮酒；

九月九日，须与高逸脱俗的朋友饮酒。

点评　朱菊山曰：我于诸友中，当何所属耶？

　　　王武徵曰：君当在豪与韵之间耳。

　　　王名友曰：维扬丽友多，豪友少，韵友更少，至于淡
　　　　　友、逸友则削迹矣。

　　　张竹坡曰：诸友易得，发心酌之者，为难能耳。

　　　顾天石曰：除夕须酌不得意之友。

　　　尤谨庸曰：上元酌灯；端午酌彩丝；七夕酌双星；中秋
　　　　　酌月；重九酌菊；则五友具备矣。

　　　　　金鱼紫燕物中仙　避世金门人莫害

　　鳞虫中金鱼，羽虫中紫燕，可云物类神仙，正如
东方曼倩避世金马门[1]，人不得而害之。

今译　鳞甲类虫里的金鱼，虽然颜色十分美好，
　　　却因肉苦免遭烹食；翅膀类虫里的紫燕，
　　　虽然将巢筑在梁上，却能与人和平相处。
　　　它们都可全身免害，是动物世界的神仙，
　　　如东方朔避世朝廷，别人不能加害于他。

注释　[1] 东方曼倩：汉东方朔字曼倩，上书自荐，事汉武
　　　　　帝，性诙谐，善滑稽，曾说别人都跑到山林里隐
　　　　　居，而自己却隐居在朝市，"避世金门"。金马

门：学士待诏之处。汉武帝得大宛马，乃以铜铸像，立于鲁班门外，遂将鲁班门更名为金马门。

点评 江含徵曰：金鱼之所以免汤镬者，以其色胜而味苦耳。昔人有以重价觅奇特者以馈邑侯，邑侯他日谓之曰："贤所赠花鱼，殊无味。"盖已烹之矣！世岂少削圆方竹杖者哉。

入世 出世

入世须学东方曼倩，出世须学佛印了元。

今译 积极入世做一番事业，而能在朝市里隐下来，应当向东方曼倩学习；潇洒出世以保全真情，又能从容地应付世事，应当向佛印了元看齐。

点评 江含徵曰：武帝高明喜杀，而曼倩能免于死者，亦全赖吃了长生酒耳。

殷日戒曰：曼倩诗有云："依隐玩世，诡时不逢。"此其所以免死也。

石天外曰：入得世然后出得世，入世出世打成一片，方有得心应手处。

❧ 赏花对佳人　醉月对韵友

赏花宜对佳人，醉月宜对韵人，映雪宜对高人。

今译　玩赏绚烂的鲜花，应和美丽动人的女子在一起；
欣赏美丽的月色，应和神韵飘逸的朋友在一起；
吟赏晶莹的白雪，应和品性高洁的朋友在一起。

点评　余淡心曰：花即佳人，月即韵人，雪即高人。既已赏
花、醉月、映雪，即与对佳人、韵人、高人无异也。
江含徵曰："若对此君仍大嚼，世间那有扬州鹤。"
张竹坡曰：聚花月雪于一时，合佳韵高为一人，吾当不
赏而心醉矣。
言生禅人曰：吾于高青丘"雪满山中高士卧，月明林下
美人来"二句得之。

❧ 朋友不同　韵致各别

对渊博友，如读异书；对风雅友，如读名人诗文；
对谨饬友[1]，如读圣贤经传；对滑稽友，如阅传奇
小说。

今译　与学识渊博的朋友相对，像在读从没读过的奇书；

与风度高雅的朋友相对，像在读著名作家的诗文；

与严谨自律的朋友相对，像在读圣贤凝重的经传；

与诙谐滑稽的朋友相对，像在读妙趣横生的小说。

注释　[1]谨饬：谨慎小心。

点评　李圣许曰：读这几种书，亦如对这几种友。

张竹坡曰：善于读书取友之言。

楷书文秀草书武　行书飘逸如高士

楷书须如文人，草书须如名将。行书介乎二者之间，如羊叔子缓带轻裘[1]，正是佳处。

今译　楷书应当像文人般雍容端庄，

草书应当像名将般气韵雄猛。

行书则介于楷书与草书之间，

好似轻裘缓带的羊叔子一样，

飘逸洒脱而不失凝重的风度。

注释　[1]羊叔子缓带轻裘：晋羊祜字叔子，博学能文，风度飘逸，在军常轻裘缓带，身不披甲。

点评　程韡华曰：心斋不工书法，乃解作此语耶？

张竹坡曰：所以羲之必做右将军。

人求入诗　物求入画

人须求可入诗，物须求可入画。

今译　人品须高洁飘逸，才能被人在诗里赞颂、吟咏；

物品须美丽脱俗，才能被人在画中描摹、欣赏。

点评　龚半千曰：物之不可入画者，猪也、阿堵物也、恶少

年也。

张竹坡曰：诗亦求可见得人，画亦求可像个物。

石天外曰：人须求可入画，物须求可入诗，亦妙。

少年须稳重　老年须生气

少年人须有老成之识见；老成人须有少年之襟怀。

今译　年轻人应当有老年人深沉稳重的见识，

老年人应当有年轻人朝气蓬勃的胸怀。

点评　　江含徵曰：今之钟鸣漏尽、白发盈头者，若多收几斛
　　　　麦，便欲置侧室，岂非有"少年襟怀"耶？独是少
　　　　年老成者少耳。

　　　　张竹坡曰：十七八岁便有妾，亦居然少年老成。

　　　　李若金曰：老而腐板，定非豪俊。

春为天本怀　秋是天别调

春者天之本怀，秋者天之别调。

今译　　春天万物欣欣向荣生机盎然，是上天的本意。
　　　　秋来万木衰飒凋零萧条冷落，是上天的变调。

点评　　石天外曰：此是透彻性命关头语。

　　　　袁中江曰：得春气者，人之本怀；得秋气者，人之别调。

　　　　尤悔庵曰：夏者天之客气；冬者天之素风。

　　　　陆云士曰：和神当春，清节为秋，天在人中矣。

翰墨棋酒　人生之趣

昔人云[1]：若无花、月、美人，不愿生此世界。

予益一语云：若无翰、墨、棋、酒^[2]，不必定作人身。

今译　前人说：
　　　如果没有花月美人这些美好事物，
　　　我就不愿意出生到这个世界上来；
　　　我要说：
　　　如果不解琴棋书酒这些高情雅趣，
　　　纵然生在这个世界岂非枉为人身！

注释　[1] 昔人：按《舌华录》引作"吴遄曰"，《竹屋三书》
　　　　引作"吴延祖曰"。明代陆绍衍《醉古堂剑扫》亦
　　　　云："无花月美人，不愿生此世界。"
　　　[2] 翰墨：笔和墨，指文章和字画。

点评　殷曰戒曰：枉为人身，生在世界者，急宜猛省！
　　　顾天石曰：海外诸国决无翰墨棋酒，即有，亦不与吾同
　　　　一般有，人何也。

◦ 心有千千愿　第一是逍遥

愿作木而为樗，愿在草而为蓍，愿在鸟而为鸥，
愿在兽而为麞^[1]，愿在虫而为蝶，愿在鱼而为鲲。

今译　如果要做一根木头，那么就做樗木吧，
　　　　它虽然对人没有用处，却能保全天年；
　　　　如果要做一株小草，那么就做蓍草吧，
　　　　它常被用来占卜，能预知将发生的事；
　　　　如果要做一只飞鸟，那么就做海鸥吧，
　　　　它没有机心，与人类相处得那么融洽；
　　　　如果要做一头走兽，那么就做獬豸吧，
　　　　它角儿虽嫩，也要抵触这世上的奸邪；
　　　　如果要做一条虫儿，那么就做蝴蝶吧，
　　　　它舒展着双翅，自由欢快畅游在花丛；
　　　　如果要做一尾游鱼，那么就做鲲鱼吧，
　　　　它将变化成大鹏，逍遥在生命的晴空！

注释　[1] 廌（zhì）：獬豸（zhì）。古代传说中的神兽，有的
　　　　记载说它长得像鹿而只有一支角，有的说它是神
　　　　羊。相传它能他辨善恶曲直，遇到争斗的双方，就
　　　　去触邪恶的一方。

点评　吴菌次曰：较之《闲情》一赋，所愿更自不同。
　　　　郑破水曰：我愿生生世世为顽石。
　　　　尤悔庵曰：第一大愿。○又曰：愿在人而为梦。
　　　　尤慧珠曰：我亦有大愿：愿在梦而为影。
　　　　弟木山曰：前四愿皆是相反：盖前知则必多才，忘机则
　　　　不能触邪也。

夏有三余

古人以冬为三余[1]，予谓当以夏为三余：晨起者，夜之余；夜坐者，昼之余；午睡者，应酬人事之余。古人诗云："我爱夏日长。"[2]洵不诬也。

今译　古人把冬天当成读书的三种空闲时间，

而我则认为夏天同样有三种空闲时间：

早起读书，是夜晚之余；

晚间独坐，是白天之余；

中午小憩，是应酬之余。

古人说："我爱夏日长。"

在夏天读书才知道这句话确实不假啊。

注释　[1] 三余：汉董遇说应在三余之际读书："冬者岁之余，夜者日之余，阴雨者时之余。"后以三余泛指空闲时间。

[2] 古人诗：指唐文宗李昂和柳公权有联句诗："人皆苦炎热，我爱夏日长。"

点评　张竹坡曰：眼前问冬夏皆有余者，能几人乎？

张迂庵曰：此当是先生辛未年以前语。

庄周梦蝶　蝶梦庄周

庄周梦为蝴蝶，庄周之幸也；蝴蝶梦为庄周，蝴蝶之不幸也。

今译　庄周化为蝴蝶，
从热恼的人生走向逍遥之境，是庄周的大幸；
蝴蝶梦为庄周，
从逍遥之境步入热恼的人生，是蝴蝶的悲哀。

点评　黄九烟曰：惟庄周乃能梦为蝴蝶，惟蝴蝶乃能梦为庄周耳。若世之扰扰红尘者，其能有此等梦乎？
孙恺似曰：君于梦之中，又占其梦耶。
江含徵曰：周之喜梦为蝴蝶者，以其入花深也。若梦甫酣而乍醒，则又如嗜酒者梦赴席为妻惊醒，不得不痛加诟谇矣。
张竹坡曰：我何不幸，而为蝴蝶之梦者。

种花可邀蝶　种德可邀人

艺花可以邀蝶，垒石可以邀云，栽松可以邀风[1]，贮水可以邀萍，筑台可以邀月，种蕉可以邀雨，植柳可以邀蝉。

今译　种植花草，可以邀来蝴蝶翩翩；

垒石为山，可以邀来云气萦绕；

栽植松树，可以邀来清风阵阵；

贮水为池，可以邀来浮萍点点；

构筑小台，可以邀来月色满庭；

种植芭蕉；可以邀来珠雨鸣玉；

栽种柳树，可以邀来夏蝉高唱。

注释　[1]栽松邀风：《南史·陶弘景传》："特爱松风，庭阶皆植松，闻其响，欣然为乐。"

点评　倪永清曰：选诗可以邀谤。

曹秋岳曰：酿酒可以邀友。

崔莲峰曰：酿酒可以邀我。

尤艮斋曰：安得此贤主人？

尤慧珠曰：贤主人非心斋而谁乎。

陆云士曰：积德可以邀天，力耕可以邀地，乃无意相邀而若邀之者，与邀名邀利者迥异。

言之极幽景　实为萧索境

景有言之极幽，而实萧索者，烟雨也；境有言之

极雅，而实难堪者，贫病也；声有言之极韵，而实粗
鄙者，卖花声也。

今译 　有的景致看起来极其幽静，而实际上却萧条冷落，
　　　　这就是濛濛如愁雾的烟雨；
　　　　有的境界听起来极其风雅，而实际上却难以忍受，
　　　　这就是生活贫穷而多疾病；
　　　　有的声音听起来极有韵致，而实际上却粗俗不堪，
　　　　这就是卖花时候的吆喝声。

点评 　谢海翁曰：物有言之极俗，而实可爱者，阿堵物也。
　　　　张竹坡曰：我幸者极雅之境。
　　　　言生禅人曰：于萧索、难堪、粗鄙之物，而生极幽、极
　　　　雅、极韵之感，由于置身其外，保持审美距离之
　　　　故也。

富贵才子　福慧双修

才子而富贵，定从福慧双修得来[1]。

今译 　身为才子而又能够大富大贵，
　　　　没有丝毫读书人的穷酸之气，
　　　　这一定是修福又修慧的结果。

注释　　[1] 福慧：福德与智慧。菩萨为成就佛果，必须上求菩
　　　　　　提（智业），下化众生（福业），具备福、智二行，
　　　　　　是成佛最胜之实践，称为二种胜行。据《大无量寿
　　　　　　经》载，阿弥陀佛为法藏菩萨时，曾发下四十八
　　　　　　愿，其一即是"福智双修愿"。

点评　　昌青若曰：才子富贵难兼，若能运用富贵，才是才子，
　　　　　　才是福慧双修。世岂无才子而富贵者乎？徒自贪着，
　　　　　　无济于人，仍是有福无慧。
　　　　　陈鹤山曰：释氏云："修福不修慧，象身挂璎珞；修慧
　　　　　　不修福，罗汉供应薄。"正以其难兼耳。山翁发为此
　　　　　　论，直是夫子自道。
　　　　　江含徵曰：宁可有一副菜园肚皮，不可有一副酒肉
　　　　　　面孔。

新月恨易沉　缺月恨迟上

新月恨其易沉[1]；缺月恨其迟上[2]。

今译　　新月容易沉落，缺月迟迟出现，
　　　　　　自古好事多磨，令人彷徨惆怅！

注释　　[1] 新月：即"上弦月"，农历每月初出的弯形的月亮，

一般出现在农历初八前后。这时的月升起时间早，下落的时间也早，所以说"易沉"。

[2] 缺月：不圆的月亮，即"下弦月"，农历月末的残月，一般出现在农历二十三前后。这时的月亮要到下半夜才升起，所以说"迟上"。

点评　　孔东塘曰：我唯以月之迟早，为睡之迟早耳。

孙松坪曰：第勿使浮云点缀，尘滓太清，足矣。

冒青若曰：天道忌盈。沉与迟，君勿恨。

张竹坡曰：易沉、迟上，可以卜君子之进退。

劳作贵得其中趣

躬耕吾所不能，学灌园而已矣；樵薪吾所不能，学薙草而已矣。

今译　　虽然不能亲自耕作，但学学田园劳作还是可以的；虽然不能亲自砍柴，但学学去除杂草还是可以的。

点评　　汪扶晨曰：不为老农，而为老圃，可云半个樊迟。

释菌人曰：以灌园薙草自任自待，可谓不薄。然笔端隐隐有非其种者，锄而去之之意。

✑ 人生十恨　雅士之情

一恨书囊易蛀，二恨夏夜有蚊，三恨月台易漏[1]，四恨菊叶多焦，五恨松多大蚁，六恨竹多落叶，七恨桂荷易谢，八恨薜萝藏虺[2]，九恨架花生刺[3]，十恨河豚有毒[4]。

今译　人生在世有种种遗憾的事：

一恨图书容易被蠹鱼蛀坏；

二恨夏天的夜晚蚊声如雷；

三恨赏月的水榭容易漏风；

四恨菊叶在烈日之下焦卷；

五恨松树上常有大蚁攀爬；

六恨翠竹终不免黄叶随风；

七恨桂花与荷花飘零枯萎；

八恨茂密的薜萝藏有毒蛇；

九恨美丽的架花长满利刺；

十恨河豚肉鲜美却有剧毒。

注释　[1]月台：用来赏月的水榭。

[2]虺（huǐ）：毒蛇。

[3]架花：指需要搭架子支撑的花，如茶蘼、蔷薇等。

[4]河豚有毒：河豚鱼味道鲜美，而有剧毒，所以有"拼死吃河豚"之说。此处所写均为作者极为喜爱

之事，作者之恨，乃美中不足耳。

点评　江莼庵曰：黄山松并无大蚁，可以不恨。

张竹坡曰：安得诸恨物尽有黄山乎。

石天外曰：予另有二恨：一曰才人无行，二曰佳人薄命。

别样情景

楼上看山，城头看雪，灯前看花，舟中看霞，月下看美人，另是一番情景。

今译　在楼台上遥观山色，在城墙头观赏雪景；

在灯烛前品赏花容，在舟船里卧看霞光；

在月亮下欣赏美人，都别有番消魂韵致。

点评　毕右万曰：予每于雨后看柳，觉尘襟俱涤。

江允凝曰：黄山看云更佳。

倪永清曰：做官时看进士；分金处看文人。

尤谨庸曰：山上看雪，雪中看花，花下看美人，亦可。

妙不可言　摄人魂魄

山之光，水之声，月之色，花之香，文人之韵致，美人之姿态，皆无可名状，无可执着。真足以摄召魂梦，颠倒情思！

今译　高山的光泽精神，流水的声音韵律，
皎月的颜色意趣，鲜花的芬芳气息，
文人的风神韵致，美人的神情姿态，
都令人感受其美，却说不出捉不住，
使人魂牵而梦绕，使人意乱而情迷！

点评　吴街南曰：以极有韵致之文人，与极有姿态之美人，共坐于山水花月间，不知此时魂梦何如，情思何如？

神游八极　聊慰我心

假使梦能自主，虽千里无难命驾，可不羡长房之缩地[1]；死者可以晤对，可不需少君之招魂[2]；五岳可以卧游，可不俟婚嫁之尽毕[3]。

今译　假使能够把握住虚幻梦境，

虽有千里之遥可驾车而至，

不必去羡慕费长房的缩地；

如果能够与死者会晤交谈，

纵有万般相思皆可以倾诉，

不再用得上李少君的招魂；

如果欣赏绘画能替代游览，

虽然家事没有完也可畅游，

可不用等子女婚嫁都结束。

注释　　[1] 缩地：相传东汉费长房，有缩地之术，能在顷刻之
　　　　　　间到达千里之外的地方。

　　　　　[2] 招魂：汉武帝时有方士李少君，自言能与仙人相
　　　　　　接。为武帝招致李夫人魂魄的是另一方士少翁而非
　　　　　　少君，此系著者误记。

　　　　　[3] 婚嫁尽毕：东汉尚平，俟子女婚嫁已毕，遂不问家
　　　　　　事，出游名山大川，不知所终。

点评　　黄九烟曰：予尝谓，鬼有时胜于人，正以其能自主耳。

　　　　　江含徵曰：吾恐上穷碧落下黄泉，两地茫茫皆不见也。

　　　　　张竹坡曰：梦魂能自主，则可一生死，通人鬼，真见道
　　　　　　之言矣。

遭际有不幸　品德无缺陷

昭君以和亲而显，刘蕡以下第而传[1]。可谓之不幸，不可谓之缺陷。

今译　昭君因出塞而扬芳名，刘蕡因落第而显高节。可以说是命中的不幸，不能说是人生的缺陷。

注释　[1] 刘蕡下第：唐刘蕡于文宗大和二应贤良对策，极言宦官祸国，主考官害怕得罪宦官，不敢录取。同考的李邰说："刘蕡下第，我们这些人登科，实在让人感到惭愧！"

点评　江含徵曰：若故折黄雀腿而后医之，亦不可。
尤悔庵曰：不然，一老宫人，一低进士耳。

爱花爱美人

以爱花之心爱美人，则领略自饶别趣；以爱美人之心爱花，则护惜倍有深情。

今译　用爱花的心情来爱惜美人，

欣赏美人时自然别有情趣；

用爱美人的心境来爱惜花，

护惜花的情感将倍加浓厚。

点评　冒辟疆曰：能如此，方是真领略真护惜也。

张竹坡曰：花与美人何幸，遇此东君。

舍花而取美人

美人之胜于花者，解语也[1]；花之胜于美人者，生香也。二者不可得兼，舍生香而取解语者也。

今译　美人胜于花的地方，在于她善解人意；

花胜于美人的地方，在于她散发香气。

两者不可兼得，我愿舍生香花而选解语美人。

注释　[1]解语：唐陈鸿《开元天宝遗事》："太液池千叶莲

开，明皇与妃子共赏，谓左右曰：'何如此解语花

耶？'"解语花，指杨贵妃聪明巧慧，是善解人意的

美人。

点评　王勿翦曰：飞燕吹气若兰，合德体自生香，薛瑶英肌肉

皆香，则美人又何尝不生香也。

窗内作字窗外观

窗内人于纸窗上作字，吾于窗外观之，极佳。

今译 窗里的人在纸窗上写字，

我在窗子外面驻足观看，

感觉特别惬意别有会心。

点评 江含徵曰：若索债人于窗外纸上画，吾且望之却走矣。

阅历深浅不同　读书所悟各别

少年读书如隙中窥月，中年读书如庭中望月，老年读书如台上玩月[1]。皆以阅历之浅深，为所得之浅深耳。

今译 少年时读书，像是在门缝中窥探月亮，

虽然专精，但局限于一隅；

中年时读书，像是在庭院中观看月亮，

虽然广博，却不是太专注。

晚年时读书，像是在台榭上玩赏月亮，

对书中的妙谛别有会心。

这是因为阅历有深有浅，读书的感受也各有不同。

注释　[1] 台上玩月：随心所欲地玩赏，取舍由我，不受限制。按本则受《世说新语·文学》之启发："诸季野语孙安国云：'北人学问，渊综广博。'孙答曰：'南人学问，清通简要。'支道林闻之曰：'圣贤固所忘言。自中人以还，北人看书，如显处视月；南人学问，如牖中窥日。'"

点评　黄交三曰：真能知读书痛痒者也。

毕若万曰：吾以为学道亦有浅深之别。

张竹坡曰：吾叔此论，直置身广寒宫里，下视大千世界，皆清光似水矣。

致信告雨师　好雨知时节

吾欲致书雨师：春雨，宜始于上元节后，至清明十日前之内，及谷雨节中；夏雨，宜于每月上弦之前，及下弦之后；秋雨，宜于孟秋之上下二旬；至若三冬，正可不必雨也。

今译　我想给雨神写一封信：

春雨，应当在正月十五以后下，不妨碍观赏灯火；
应当在清明前十日之内停止，不妨碍桃花蓓蕾绽开；
至于谷雨节时，则不妨随便降落；
夏雨，应当在每个月的上弦之前下，
到下弦之后停止，在月亮不圆的这段时间尽管下，
免得妨碍圆月出来；
秋雨，应当在八月的上旬与下旬下，
留出包括八月十五在内的中旬，供人尽情玩月；
至于到了冬天，自然可以不必下雨了。

点评　孔东塘曰：君若果有此牍，吾愿作致书邮也。

张竹坡曰：此书独不可致于巫山雨师。

余生生曰：使天而雨粟，虽自元旦雨至除夕，亦未为
　　不可。

清贫胜浊富　乐死胜忧生

为浊富不若为清贫，以忧生不若以乐死。

今译　与其卑鄙龌龊而富有，不如甘守清苦而贫困；
与其愁眉苦脸地活着，不如旷达乐观地死去。

点评　李圣许曰：顺理而生，虽忧不忧；逆理而死，虽乐

　　不乐。

　　吴野人曰：我宁愿为浊富。

　　张竹坡曰：我愿太奢：欲为清富。焉能遂愿？

唯鬼最富　唯鬼最尊

　　天下唯鬼最富：生前囊无一文，死后每饶楮镪[1]。天下唯鬼最尊：生前或受欺凌，死后必多跪拜。

今译　天下只有鬼最富：生前一贫如洗，
　　　　死后却有人不断地给他焚烧纸钱。
　　　　天下只有鬼最尊：生前纵受欺凌，
　　　　死后却定能接受着许多人的跪拜。

注释　[1] 楮镪（chǔ qiǎng）：祭供时焚化用的纸钱。

点评　吴野人曰：世于贫士，辄目为穷鬼，则又何也？
　　　　陈康畴曰：穷鬼若死，即并称尊矣。

才子化身　美人别号

　　蝶为才子之化身，花乃美人之别号。

今译　蝴蝶采花酿蜜，是酝酿情感为文的才子的化身；

　　　　花儿姿质娇美，是令人神魂颠倒的美人的别号。

点评　张竹坡曰：蝶入花房香满衣，是反以金屋贮才子矣。

因雪想高士　因花想美人　因景思人

因雪想高士[1]；因花想美人[2]；因酒想侠客[3]；因月想好友[4]，因山水想得意诗文。

今译　对着高洁的白雪逸兴遄飞，想起飘逸清奇的高士；

　　　　对着美丽的花儿爱意倍生，想起娇美多情的女性；

　　　　对着芬芳的酒醪肝胆开张，想起豪迈不羁的侠客；

　　　　对着清幽的月色雅兴顿起，想起情真意挚的朋友；

　　　　对着高山与大川文思勃发，想起放怀写意的诗文。

注释　[1] 因雪想高士：用王徽之雪夜访戴逵事。

　　　　[2] 因花想美人：唐李白《清平调》词："一枝红艳露凝香，云雨巫山枉断肠。借问汉宫谁得似，可怜飞燕倚新妆。"即是因花想美人。

　　　　[3] 因酒想侠客：战国时荆轲入秦刺杀秦始皇前，燕太子丹送行，饮于易水之上。西晋左思《咏史》："荆轲饮燕市，酒酣气益震。"

[4] 因月想好友：南朝谢庄《月赋》："隔千里兮共明月。"

点评　李季子曰：此善于设想者。

张竹坡曰：多情语，令人泣下。

弟木山曰：余每见人一长一技，即思效之。虽至琐屑，亦不厌也。大约是爱博而情不专。

尤谨庸曰：因得意诗文想心斋矣。

陆云士曰：临川谓："想内成因中见。"与此相发。

景致不同　情怀亦别

闻鹅声如在白门[1]；闻橹声如在三吴[2]；闻滩声如在浙江[3]；闻赢马项下铃铎声，如在长安道上。

今译　听到鹅鸣声声，似乎置身于白门；

听到橹声轧轧，似乎置身于三吴；

听到滩声嘈杂，似乎置身于浙江；

而当听到了瘦马脖子下的铃铎声，

又似置身在风尘烟色的长安道上。

注释　[1] 白门：南朝宋都城建康城西门。西方属金，金气白，故称。后遂称金陵（今南京市）为白门。

[2] 三吴：古地区名，以吴郡、吴兴、会稽为三吴，泛
　　指太湖流域。

[3] 浙江：即今钱塘江。南朝宋谢灵运《与弟书》："闻
　　恶溪道中，九十九里有五十九滩。王右军游此……
　　叹其奇绝，遂书'突量濑'于石。"恶溪即今浙江
　　好溪，以曲折多滩著名。

点评　聂晋人曰：南无观世音菩萨摩诃萨。

倪永清曰：众音寂灭时，又作么生话会？

❧ 雨令昼短夜长

雨之为物，能令昼短，能令夜长。

今译　雨能够使白天减短，也能够使黑夜增长。

点评　张竹坡曰：雨之为物，能令天闭眼，能为地生毛，能为
水国广封疆。

❧ 诗僧时时有　诗道却罕见

诗僧时复有之，若道士之能诗者，不啻空谷足音，

何也？

今译　僧人中诗写得好的常常见到，
　　　　而道士里面能够写出好诗的，
　　　　则简直是空谷足音少之又少，
　　　　这到底是因为什么缘故呢？

点评　尤谨庸曰：僧家势利第一，能诗次之。
　　　　倪永清曰：我所恨者，辟谷之法不传。
　　　　毕右万曰：僧道能诗，亦非难事，但惜僧道不知禅
　　　　　　玄耳。
　　　　顾天石曰：道于三教中原属第三，应是根器最钝人做，
　　　　　　那得会诗？轩辕弥明，昌黎寓言耳。

　　　宁作忘忧花　不作忧愁鸟

当为花中之萱草，毋为鸟中之杜鹃。

今译　宁可成为花中的忘忧萱草，
　　　　也不要做泣血悲啼的杜鹃。

点评　袁翔甫补评曰：萱草忘忧，杜鹃啼血。悲欢哀乐，何去
　　　　　　何从？

但听女人声　莫睹女人面

女子自十四五岁至二十四五岁，此十年中，无论燕、秦、吴、越，其音大都娇媚动人。一睹其貌，则美恶判然矣。耳闻不如目见，于此益信。

今译　一个女孩子自十四五岁起，
到二十四五岁这十年之间，
不管生在雄奇苍莽的北方，
还是生在山水明秀的南国，
她的声音都娇媚令人心醉。
但如果你一看她们的容貌，
则有的人漂亮有的人粗丑，
竟然是一个天上一个地下。
耳中听的不如眼里看到的，
在这方面最能够得到证明。

点评　吴听翁曰：我向以耳根之有余，补目力之不足。今读此，乃知卿言亦复佳也。

江含徵曰：帘为妓衣，亦殊有见。

倪永清曰：若逢美貌而恶声者，又当如何？

张竹坡曰：家有少年丑婢者，当令隔屏私语，灭烛侍寝，何如？

学仙寻乐境　学佛避苦趣

寻乐境乃学仙，避苦趣乃学佛。佛家所谓极乐世界者，盖谓众苦之所不到也。

今译　只是为寻找快乐境界，可以学习道教神仙之术；
要脱离人生种种烦恼，则应当进行佛学的修炼。
佛家所说的极乐世界，是没有任何痛苦的所在。

点评　江含徵曰：着败絮行荆棘中，固是苦事。彼披忍辱铠者，亦未必优游自得也。
陆云士曰：空诸所有，受即是空，其为苦乐不足言矣。故学佛优于学仙。

闲贫胜愁富　谦富胜骄贫

富贵而劳悴，不若安闲之贫贱；贫贱而骄傲，不若谦恭之富贵。

今译　富贵而操劳不堪，不如无忧无虑过贫贱日子；
贫贱却骄傲自大，不如彬彬有礼过富贵生活。

点评　曹实庵曰：富贵而又安闲，自能谦恭也。

许师六曰：富贵而又谦恭，乃能安闲耳。

张竹坡曰：谦恭、安闲乃能长富贵也。

张迂庵曰：安闲乃能骄傲，劳悴则必谦恭。

✿ 耳能自闻

目不能自见；鼻不能自嗅；舌不能自舐；手不能自握，惟耳能自闻其声。

今译　眼睛不能自己看，鼻子不能自己闻，

舌头不能自己舔，手指不能自己握，

只有耳朵是例外，能自己听到声音。

点评　弟木山曰：岂不闻心不在焉，听而不闻乎？兄其诳我哉。

张竹坡曰：心能自信。

✿ 听琴远近皆宜

凡声皆宜远听，惟听琴则远近皆宜。

今译　声音都适合在远处聆听，
　　　　只有琴声不论远近都适宜聆赏。

点评　王名友曰：松涛声、瀑布声、箫笛声、潮声、读书声、
　　　　钟声、梵声，皆宜远听，惟琴声、度曲声、雪声，非
　　　　至近不能得其离合抑扬之妙。

目不识字　手不执管　苦闷大矣

目不能识字，其闷尤过于盲；手不能执管，其苦
更甚于哑。

今译　有眼睛却不认识多少字，比瞎子更愁闷；
　　　　有双手却写不出好文章，比哑巴更痛苦。

点评　陈鹤山曰：君独未知，今之不识字、不握管者，其乐尤
　　　　过于不盲不哑者也。

人间乐事

并头联句[1]，交颈论文[2]，宫中应制，历使属

国，皆极人间乐事。

今译　与意中人并头联缀诗句，与美人相依而谈论文章，在宫中应皇帝之命作诗，到属国去担任全权大使，都是人间最快乐的事情。

注释　[1] 联句：赋诗时人各一句或几句，合而成篇。
　　　　[2] 交颈：两颈相依，表示亲密。

点评　狄立人曰：既已并头交颈，即欲联句、论文，恐亦有所不暇。

　　　　汪舟次曰：历使属国殊不易易。

　　　　孙松坪曰：邯郸旧梦，对此惘然。

　　　　张竹坡曰：并头交颈乐事也，联句论文亦乐事也。是以两乐并为一乐者，则当以两夜并一夜方妙。然其乐一刻胜于一日矣。

　　🍂　**姓氏有不同　美感亦有别**

　　《水浒传》武松诘蒋门神云："为何不姓李？"此语殊妙。盖姓实有佳有劣：如华、如柳、如云、如苏、如乔，皆极风韵；若夫毛也、赖也、焦也、牛也，则皆尘于目而棘于耳也。

今译　《水浒传》中武松质问蒋门神说："为什么不姓李?"
这句话实在是太妙了。
光从字面上看，姓氏实在有好有坏：
像华、柳、云、苏、乔都很有风韵；
至于毛、赖、焦、牛之类，
不单看着不雅，听起来也不顺耳。

点评　先渭求曰：然则君为何不姓李耶?
张竹坡曰：止闻今张昔李，不闻今李昔张也。

百花无优劣　兴来聊平章

　　花之宜于目而复宜于鼻香，梅也、菊也、兰也、水仙也、珠兰也[1]、莲也；止宜于鼻者，橼也[2]、桂也、瑞香也、栀子也、茉莉也、木香也[3]、玫瑰也、腊梅也。余则皆宜于目者也。花与叶俱可观者，秋海棠为最，荷次之。海棠、酴醿、虞美人、水仙，又次之；叶胜于花者，止雁来红[4]、美人蕉而已。花与叶俱不足观者，紫薇也、辛夷也。

今译　众花之中，看起来美丽而又有香气的，
是梅花、菊花、兰花、水仙、珠兰、莲花；
只有香气的，是香橼、桂花、瑞香、栀子，

还有茉莉、木香、玫瑰和腊梅。

其他的花都适宜于用眼睛欣赏。

花瓣与叶片都漂亮的，要数秋海棠第一，

其次是荷花，再就是海棠、酴醾、虞美人和水仙；

叶片比花瓣美丽的，只有雁来红、美人蕉数种；

花瓣与叶片都不好看的，是紫薇与辛夷。

注释　[1] 珠兰：金粟兰的通称，常绿小灌木，叶椭圆对生，
　　　　　　花小、黄色，有香味。穗状花序，可供观赏。

　　　　[2] 橼（yuán）：即香橼，叶尖长，枝间有刺，清香袭人。

　　　　[3] 木香：本名蜜香，又名青木香，多年生草本植物，
　　　　　　根可入药。

　　　　[4] 雁来红：草名，又叫后庭花，茎叶像鸡冠，有黄红
　　　　　　紫绿等颜色，叶腋生小黄花。

点评　周星远曰：山老可当花阵一面。

　　　　张竹坡曰：以一叶而能胜诸花者，此君也。

高语山林者　不须避市朝

　　高语山林者，辄不喜谈市朝事。审若此，则当并
废《史》《汉》诸书而不读矣。盖诸书所载者，皆古
之市朝也。

今译　谈论隐居山林的人，往往不喜欢谈论市朝之事。

果真这样，就应当将《史记》《汉书》等史籍抛在一边不读。

因为这些书所记载的，大多是古代市朝中事。

点评　张竹坡曰：高语者，必是虚声处士。真入山者，方能经纶市朝。

浮云变化无端　不可描摩刻画

云之为物，或崔巍如山，或澂滟如水，或如人，或如兽，或如鸟毳，或如鱼鳞。故天下万物皆可画，惟云不能画，世所画云亦强名耳[1]。

今译　云彩形状奇特，卷舒变化多端：

有时层层堆积，像巍峨的高山；

有时浩淼宽广，像波光在闪烁；

有时轮廓分明，像人体的形状；

有时奔驰疾走，像飞跑的野兽；

有时丝丝缕缕，像鸟儿的细毛；

有时参差不齐，如同鱼鳞片片。

万物都可以画，只有云难描画。

世人画出的云，岂能得其神韵？

注释　[1] 强名：勉强叫作。

点评　何蔚宗曰：天下百官皆可做，惟教官不可做，做教官者
　　　　　皆谪戍耳。
　　　　张竹坡曰：云有反面、正面，有阴阳、向背，有层次、
　　　　　内外，细观其与日相映，则知其明处乃一面，暗处又
　　　　　一面。尝谓古今无一画云手，不谓《幽梦影》中先得
　　　　　我心。

人生六事　可谓全福

值太平世，生湖山郡，官长廉静，家道优裕，娶
妇贤淑，生子聪慧。人生如此，可云全福。

今译　身逢太平盛世，长在山水之乡，
　　　　官府政务廉静，家道丰裕有余，
　　　　娶妻贤慧娴淑，生儿聪明机智。
　　　　人生能够这样，可以称作全福。

点评　许篠林曰：若以粗笨愚蠢之人当之，则负却造物。
　　　　江含徵曰：此是黑面老子要思量做鬼处。
　　　　吴岱观曰：过屠门而大嚼，虽不得肉亦且快意。
　　　　李荔园曰：贤淑、聪慧，尤贵永年，否则福不全。

插花贵布置　浓淡应相宜

养花胆瓶[1]，其式之高低大小，须与花相称。而色之浅深浓淡，又须与花相反。

今译　　插花用的长颈大腹花瓶，体式的高低与大小之类，
　　　　应与花疏密高低相映衬。而它颜色的深浅与浓淡，
　　　　应与花色深浅浓淡相反，才起到相得益彰的效果。

注释　　[1]胆瓶：长颈大腹的花瓶，因形状似悬胆而得名。

点评　　程穆倩曰：足补袁中郎《瓶史》所未逮。
　　　　张竹坡曰：夫如此，有不甘去南枝，而生香于几案之右
　　　　　者乎，名花心折矣。

春雨润群生　夏雨长万物

春雨如恩诏，夏雨如赦书，秋雨如挽歌。

今译　　春雨使万物苗壮生长，如同降恩于民的诏书；
　　　　夏雨使万物绝处逢生，如同普赦罪犯的赦书；

秋雨使万物发霉腐坏，如同哀挽逝者的挽歌。

点评　张谐石曰：我辈居恒苦饥，但愿夏雨如馒头耳。
张竹坡曰：赦书太多，亦不甚妙。

　　　　🌀　步步得意　可谓全人

　　十岁为神童，二十三十为才子，四十五十为名臣，六十为神仙，可谓全人矣。

今译　十岁时做一个出口成章的神童，
二三十岁成为满腹锦绣的才子，
四五十岁成为声名显赫的大臣，
六十岁时做无忧无虑的隐逸者，
就可以称得上是完美的人生了。

点评　江含徵曰：此却不可知，盖神童原有仙骨故也。只恐中
间做名臣时，堕落名利场中耳。
张竹坡曰：神童、才子，由于己，可能也；臣由于君，
仙由于天，不可必也。
杨圣藻曰：人孰不想，难得有此全福。
顾天石曰：六十神仙，似乎太早。

武人不苟战 文人不迂腐

武人不苟战，是为武中之文；文人不迂腐，是为文中之武。

今译 武将不轻率好战而有端庄之气，是武将中的文人；
文人不迂腐肤浅而有豪迈之气，是文人中的武将。

点评 梅定九曰：近日文人不迂腐者颇多，心斋亦其一也。
顾天石曰：然则心斋直谓之武夫可乎？笑笑。

文人讲武 武将论文

文人讲武事，大都纸上谈兵；武将论文章，半属道听途说。

今译 文人谈论武事，多是纸上谈兵，根本派不上用场；
武将评论文章，多是道听途说，实际上一窍不通。

点评 吴街南曰：今之武将讲武事，亦属纸上谈兵；今之文人
论文章，大都道听途说。

　　❧　书画值得保存　贵在具有雅趣

　　斗方止三种可存[1]：佳诗文一也，新题目二也，精款式三也。

今译　三种纸可存：
　　　　一是美好的诗文，
　　　　一是崭新的题目，
　　　　一是精美的款式。

注释　[1] 斗方：书画所用的一尺见方的纸，或册页书画。

点评　闵宾连曰：近年斗方名士甚多，不知能入吾心斋彀中否也。

　　❧　痴情始是真　趣才方为化

　　情必近于痴而始真，才必兼乎趣而始化。

今译　感情近于痴迷，才是至情至性；
　　　　才气兼有风趣，才能出神入化。

点评　陆云士曰：真情种、真才子，能为此言。

顾天石曰：才兼乎趣，非心斋不足当之。

尤慧珠曰：余情而痴则有之，才而趣则未能也。

全才自古难　莲花色香俱

凡花色之娇媚者，多不甚香；瓣之千层者，多不结实。甚矣全才之难也。兼之者，其惟莲乎。

今译　大凡娇艳妩媚的花朵，大多没什么香味；
花瓣重重丰厚的，大多不能结出果实。
可见尽善尽美圆满无缺实在是太难了啊！
娇艳芳香又多瓣结果的，大概只有莲花。

点评　殷日戒曰：花、叶、根、实，无所不空，亦无不适于用，莲则全有其德者也。

贯玉曰：莲花易谢，所谓有全才而无全福也。

王丹麓曰：我欲荔枝有好花，牡丹有佳实方妙。

尤谨庸曰：全才必为人所忌，莲花故名君子。

❧　著书千秋大业　注书万世奇功

著得一部新书，便是千秋大业；注得一部古书，允为万世弘功。

今译　写成一部有价值的新书，便是立下了千秋大业；

注释一部有内涵的古书，确实称得上万世功勋。

点评　黄交三曰：世间难事，注书第一大要。于极寻常书，要

看出作者苦心。

张竹坡曰：注书无难，天使人得安居无累。有可以注书

之时与地为难耳。

❧　入名山习举业　令人意趣顿减

延名师，训子弟；入名山，习举业[1]；丐名士，代捉刀[2]，三者都无是处。

今译　邀请名师来教导子女，进入名山准备考试，

聘请名士替自己写文章，都是贪图虚名毫不足取。

注释　[1]举业：为应科考试而准备的学业。

[2] 捉刀：曹操将接见匈奴来使，自以为形貌丑陋，不
　　足以威慑远国，让崔季珪代替自己，自己则捉刀立
　　于床头。会见结束，曹操派人问匈奴使："魏王何
　　如？"回答说："魏王雅量非常，然床头捉刀人，此
　　乃英雄也。"见《太平御览》卷四四四引晋裴启
　　《语林》、《世说新语·容止》。

点评　　陈康畴曰：大抵名而已矣，好歹原未必着意。
　　　　殷曰戒曰：况今之所谓名乎。

文体多变　贵在创新

　　积画以成字，积字以成句，积句以成篇，谓之文。
文体日增，至八股而遂止。如古文、如诗、如赋、如
词、如曲、如说部、如传奇小说，皆自无而有。方其
未有之时，固不料后来之有此一体也。逮既有此一体
之后，又若天造地设，为世所应有之物。然自明以来，
未见有创一体裁新人耳目者。遥计百年之后，必有其
人，惜乎不及见耳。

今译　　从绘画演变到文字，从文字积累到句子，
　　　　从句子积累到篇章，才叫作成熟的文章。
　　　　文章体裁不停增多，到了八股停滞不前。

古文诗赋词曲小说，以至戏曲传奇之类，
都是原先根本没有，而后来逐渐产生的。
当它们没有出现时，人们哪里能够料到，
后世会有这种体裁。等有了这种体裁后，
竟似大自然的安排，是本来应有的东西。
然而自从明朝以来，还没有新文体出现，
使人耳目为之一新。但我坚信百年之后，
定有创新文体的人，只可惜见不上他了！

点评　陈康畴曰：天下事，从意起山来。今日既作此想，安知
　　　　其来生不即为此辈翻新之士乎？惜乎今人不及知耳。

孙恺似曰：读心斋别集，拈四子书题，以五七言韵体行
　　　之，无不入妙，叹其独绝。此则直可当先生自序也。

陈鹤山曰：此是先生应以创体身得度者，即现创体身而
　　　为说法。

张竹坡曰：见及于此，是必能创之者，吾拭目以待
　　　新裁。

言生禅人曰：心斋固不及见《幽梦影译注》之体式也，
　　　然预知有其人，则心斋与吾，皆可一笑。

所托者异　名亦因之

云映日而成霞，泉挂岩而成瀑。所托者异，而名

亦因之。此友道之所以可贵也。

点评　张竹坡曰：非日而云不映；非岩而泉不挂，此友道之所
　　　以当择也。

今译　云彩折射出日光而成为朝霞；
　　　泉溜挂在岩石上而成为飞瀑。
　　　它们所依托的对象不同，因此名字也有所不同。
　　　结交朋友也是相同道理，也是朋友之道的可贵之处。

大家之文可仿效　名家之文不敢学

　　大家之文，吾爱之、慕之，吾愿学之；名家之文，吾爱之、慕之，吾不敢学之。学大家而不得，所谓刻鹄不成，尚类鹜也；学名家而不得，则是画虎不成，反类狗矣。

今译　大家的文章，我爱慕它，也愿意模仿它；
　　　名家的文章，我爱慕它，却不敢模仿它。
　　　因为学习大家的文章而无所成就，
　　　如同刻天鹅不成起码还像只鸭子；
　　　然而学习名家的文章而无所成就，
　　　就简直是画老虎不成反而像只狗。

点评　黄旧樵曰：我则异于是，最恶世之貌为大家者。

张竹坡曰：今人读得一两句名家，便自称大家矣。

殷曰戒曰：彼不曾闯其藩篱，乌能窥其阃奥，只说得隔
壁话耳。

修习戒定慧　锻炼精气神

由戒得定，由定得慧，勉强渐近自然；炼精化气，
炼气化神，清虚有何渣滓。

今译　由戒得定，由定得慧，

从人为努力渐渐转为自发；

炼精化气，炼气化神，

澄明心体容不下任何渣滓！

点评　尤悔庵曰：极平常语，然道在是矣。

袁中江曰：此二氏之学也，吾儒何独不然。

陆云士曰：《楞严经》、《参同契》精义，尽涵在内。

技艺虽不精　应得其中趣

虽不善书，而笔砚不可不精；虽不业医，而验方不可不存[1]；虽不工弈，而楸枰不可不备。

今译　虽然不擅长书法，但笔砚不能不精美；

虽然不以医为业，但处方不能不保存；

虽然不擅长下棋，但棋盘不能不置备。

注释　[1] 验方：经过使用而证明有效的医药单方。

点评　江含徵曰：虽不善饮，而良酝不可不藏，此坡仙之所以为坡仙也。

顾天石曰：虽不好色，而美女、妖童不可不蓄。

毕右万曰：虽不习武，而弓矢不可不张。

方外须戒俗　红裙须得趣

方外不必戒酒，但须戒俗；红裙不必通文，但须得趣。

今译　出家高僧不必戒除饮酒，但应当超凡脱俗；

美丽女子不必精通文墨，但应当情趣横生。

点评　朱其恭曰：以不戒酒之方外，遇不通文之红裙，必有
　　　可观。
　　　陈定九曰：我不善饮，而方外不饮酒者，誓不与之语；
　　　红裙若不识趣，亦不乐与近。
　　　释浮村曰：得居士此论，我辈可放心豪饮矣。

　　　梅边之石古　竹傍之石瘦

　梅边之石宜古，松下之石宜拙，竹傍之石宜瘦，
盆内之石宜巧。

今译　梅边的石头应气格高古，松下的石头应朴素浑拙，
　　　竹边的石头应清瘦剔透，盆景的石头应玲珑精巧。

点评　周星远曰：论石至此，直可作九品中正。
　　　释中洲曰：位置相当，足见胸次。

　　　律己宜秋　处世宜春

　律己宜带秋气，处世宜带春气。

今译　　对自己要求严格，应有秋天的肃杀之气；
　　　　与世人相处随和，要有春天的祥和之气。

点评　　尤悔庵曰：皮里春秋。
　　　　孙松坪曰：君子所以有矜群而无争党也。
　　　　胡静夫曰：合夷惠为一人，吾愿亲炙之。

催租败人意　谈禅令人幽

　　厌催租之败意，亟宜早早完粮；喜老衲之谈禅，
难免常常布施。

今译　　厌恶催租人大煞风景，应该早早缴纳完官粮；
　　　　喜爱老和尚谈论佛法，免不了常常布施供养。

点评　　释中洲曰：居士辈之实情，吾僧家之私冀，直被一笔写
　　　　　出矣。
　　　　瞎尊者曰：我不会谈禅，亦不敢妄求布施，惟闲写青山
　　　　　卖耳。

❧ 声有别趣

　　松下听琴，月下听箫，涧边听瀑布，山中听梵呗，觉耳中别有不同。

　　今译　　松下听幽雅的琴声，月下听低沉的箫声，
　　　　　　　涧边听潺潺的瀑声，山中听清远的经声，
　　　　　　　才知道耳朵听到的，与平常的完全两样。

　　点评　　张竹坡曰：其不同处，有难于向不知者道。
　　　　　　　倪永清曰：识得不同二字，方许享此清听。

❧ 月下之致

　　月下谈禅，旨趣益远·月下说剑，肝胆益真；月下论诗，风致益幽；月下对美人，情意益笃。

　　今译　　在月下谈论禅法，意趣更加高远；
　　　　　　　在月下谈论剑术，肝胆益发真纯；
　　　　　　　在月下谈论诗歌，风致更加清幽；
　　　　　　　在月下欣赏美人，情意更加浓郁。

点评　袁士旦曰：溽暑中赴华筵，冰雪中应考试，阴雨中对道
　　　　学先生，与此况味何如？

山水之妙

　　有地上之山水，有画上之山水，有梦中之山水，有胸中之山水。地上者妙在丘壑深邃，画上者妙在笔墨淋漓，梦中者妙在景象变幻，胸中者妙在位置自如。

今译　有地理上的山水，有绘画里的山水，
　　　　有意想中的山水，有胸襟中的山水。
　　　　地理上的山水妙处在于高低起伏深远难测，
　　　　绘画里的山水妙处在于酣畅饱满墨气淋漓；
　　　　意想中的山水妙处在于千奇百幻变化不定；
　　　　胸襟中的山水妙处在于随心所欲经营安排。

点评　周星远曰：心斋《幽梦影》中文字，其妙亦在景象
　　　　变幻。
　　　　殷日戒曰：若诗文中之山水，其幽深变幻更不可以
　　　　名状。
　　　　江含徵曰：但不可有面上之山水。
　　　　余香祖曰：余景况不佳，水穷山尽矣。

百年之计种松　百世之计种德

一日之计种蕉，一岁之计种竹，十年之计种柳，百年之计种松。

今译　一天之计栽种芭蕉；一年之计栽种竹子；
十年之计栽种柳树；百年之计栽种松树。

点评　周星远曰：千年之计，其著书乎。
张竹坡曰：百世之计，种德。

春夏秋雨　雨中雅事

春雨宜读书；夏雨宜弈棋；秋雨宜检藏；冬雨宜饮酒。

今译　春雨和畅，适宜读书；夏雨清凉，适宜下棋；
秋雨淅沥，适宜检藏；冬雨挟寒，适宜饮酒。

点评　周星远曰：四时惟秋雨最难听，然予谓无分今雨、旧雨，听之要，皆宜于饮也。

诗文贵得秋气　词曲贵得春气

诗文之体，得秋气为佳；词曲之体，得春气为佳。

今译　诗文这种体裁，得到秋天的清爽之气为佳；
词曲这种体裁，得到春天的柔婉之气为贵。

点评　江含徵曰：调有惨澹、悲伤者，亦须相称。
殷日戒曰：陶诗欧文亦似以春气胜。

笔墨之佳　书籍之备　山水之妙

钞写之笔墨，不必过求其佳，若施之缣素，则不可不求其佳；诵读之书籍，不必过求其备，若以供稽考，则不可不求其备；游历之山水，不必过求其妙，若因之卜居，则不可不求其妙。

今译　用来抄写文章的笔墨，不必过分地追求形式精美。
但如果在细绢上抄写，就不能不追求形式的精美；
用来吟诵阅读的图书，不必过分地追求数量众多。
但如果用来查证参考，就不能不追求数量的众多；
用来游览观赏的山水，不必过分地追求境界美妙。

但如果在那地方居住，就不能不追求境界的美妙。

点评　冒辟疆曰：外遇之女色，不必过求其美，若以作姬妾，
　　　　则不可不求其美。

　　　　倪永清曰：观其区处条理所在，经济可知。

求知态度不同　境界亦有分别

人非圣贤，安能无所不知。只知其一，惟恐不止
其一，复求知其二者，上也；止知其一，因人言，始
知有其二者，次也；止知其一，人言有其二而莫之信
者，又其次也；止知其一，恶人言有其二者，斯下之
下矣。

今译　人生来不是圣贤，怎么能无所不知？

　　　　但他求知的态度，却有着高下之分：

　　　　只知其一，还不满足而想再知道其二，最为可取；

　　　　只知其一，因别人说起才知道有其二，要次一等；

　　　　只知其一，听别人说起其二却不相信，又次一等；

　　　　只知其一，却憎恨人说起还有其二的，最为糟糕。

点评　周星远曰：兼听则聪，心斋所以深于知也。

　　　　倪永清曰：圣贤大学问，不意于清语得之。

书能记为难

藏书不难，能看为难；看书不难，能读为难；读书不难，能用为难；能用不难，能记为难。

今译　收藏图书并不难，难在能阅读图书；
阅读图书并不难，难在能领会意思；
领会意思并不难，难在能用于实践；
用于实践并不难，难在能终生铭记。

点评　洪去芜曰：心斋以能记次于能用之后，想亦苦记性不如耳。世固有能记而不能用者。
王端人曰：能记、能用，方是真藏书人。
张竹坡曰：能记固难，能行尤难。

无损于世即是善　有害于世即为恶

何谓善人？无损于世者，则谓之善人。何谓恶人？有害于世者，则谓之恶人。

今译　什么是善人？
所做的事对这个世界没有损害，就是善人。

什么是恶人？

所做的事对这个世界有所损害，就是恶人。

点评　江含徵曰：尚有有害于世而反邀善人之誉，此实为好利
　　　　　　而显为名高者，则又恶人之尤。

ᕫ 福气种种

　　有工夫读书谓之福，有力量济人谓之福，有学问
著述谓之福，无是非到耳谓之福，有多闻直谅之友谓
之福[1]。

今译　有时间读书求学是福气，有力量救济穷人是福气，
　　　　　有学问著书立说是福气，耳里听不到是非是福气，
　　　　　有知识广博诚实正直的朋友是福气。

注释　[1] 多闻直谅之友：《论语·季氏》："益者三友……友
　　　　　直，友谅，友多闻。"直，正直。谅，诚实。多闻，
　　　　　博学。

点评　倪永清曰：直谅之友，富贵人拒之矣，何心斋反求
　　　　　之也。

　　　　　殷日戒曰：我本薄福人，宜行求福事，在随时儆醒

而已。

杨圣戒曰：在我者可必，在人者不能必。

王丹麓曰：备此福者，惟我心斋。

李水樵曰：五福骈臻固佳，苟得其半者，亦不得谓之
无福。

闲之乐

人莫乐于闲，非无所事事之谓也。闲则能读书，闲则能游名胜，闲则能交益友，闲则能饮酒，闲则能著书。天下之乐，孰大于是。

今译 人生之乐莫过于闲暇，但闲暇并非无所事事：闲下来才有时间读书，才能有时间游历名胜，才能结交有益的朋友，才能饮酒来抒发情怀，才能写出不朽的著作。闲是天下最大的快乐。

点评 陈鹤山曰：然而正是极忙处。

黄交三曰：闲字前有主敬功夫，方能到此。

尤悔庵曰：昔人云忙里偷闲。闲而可偷，盗亦有道矣。

李若金曰：闲固难得，有此五者，方不负闲字。

文章案头山水　山水地上文章

文章是案头之山水，山水是地上之文章。

今译　文章旖旎婉曲，是艺术家呈现在案头的山水；

山水气象万千，是造物主写在大地上的文章。

点评　李圣许曰：文章必明秀，方可作案头山水；山水必曲

折，乃可名地上文章。

怒书　悟书　哀书

《水浒传》是一部怒书，《西游记》是一部悟书，《金瓶梅》是一部哀书。

今译　《水浒传》是部金刚怒目式的作品，

《西游记》是一部感悟生命的作品，

《金瓶梅》是一部哀挽人生的作品。

点评　江含徵曰：不会看《金瓶梅》，而只学其淫，是爱东坡

者，但喜吃东坡肉耳。

殷日戒曰：《幽梦影》是一部快书。

朱其恭曰：余谓《幽梦影》是一部趣书。

言生禅人曰：余谓《幽梦影》是一部禅书。

读书最乐

读书最乐。若读史书，则喜少怒多，究之怒处亦乐处也。

今译　读书是最快乐的事。

然而读史书，则喜少怒多，心里得沉甸甸。

细细探究起来，愤怒的地方也就是快乐的地方。

点评　张竹坡曰：读到喜怒俱忘，是大乐境。

陆云士曰：余尝有句云："读《三国志》，无人不为刘；读南宋书，无人不冤岳。"第人不知怒处亦乐处耳。怒而能乐者，惟善读史者知之。

能作新论是奇书　能话隐情为密友

发前人未发之论，方是奇书；言妻子难言之情，乃为密友。

今译　能提出前人从没有提出的观点，才称得上奇书；

能倾诉对妻子都说不出口的隐情，才称得上密友。

点评　孙恺似曰：前二语是心斋著书本领。

毕右万曰：奇书我却有数种，如人不肯看何？

陆云士曰：《幽梦影》一书所发者，皆未发之论；所言

者，皆难言之情。欲语羞雷同，可以题赠。

幽梦影　卷下

风流且自赏　真率有天知 ✺

风流自赏，只容花鸟趋陪；真率谁知，合受烟霞
供养。

今译　风流倜傥自我欣赏，只允许花鸟亲近陪伴；
任真率性不求人知，自当吸露餐霞远尘俗。

点评　江含徵曰：东坡有云："当此之时，若有所思，而无
所思。"

名心难忘　美酒难淡 ✺

万事可忘，难忘者名心一段；千般易淡，未淡者
美酒三杯。

今译　万事都可忘却，难以忘却的是干求名誉之心；
千般都可冷落，不能冷落的是畅饮美酒之念。

点评　张竹坡曰：是闻鸡起舞，酒酣耳热气象。
王丹麓曰：予性不耐饮，美酒亦易淡，所最难忘者
名耳。

陆云士曰：惟恐不好名，丹麓此言具见真处。

❧ 芰荷可食可衣　金石可器可服

芰荷可食而亦可衣[1]，金石可器而亦可服。

今译　菱叶荷叶，既可以作衣服也可以食用；
　　　　金银玉石，既可以作器物也可以佩戴。

注释　[1] 芰（jì）荷：菱叶与荷叶。

点评　张竹坡曰：然后知濂溪不过为衣食计耳。

❧ 宜耳宜目　声形两悦

宜于耳复宜于目者，弹琴也，吹箫也。宜于耳不宜于目者，吹笙也，搧管也。

今译　适宜于听而又适宜于看的，是弹琴吹箫；
　　　　适宜于听而不适宜于看的，是吹笙奏竽。

点评 李圣许曰：宜于目不宜于耳者，狮子吼之美妇人也；不宜于目并不宜于耳者，面目可憎、语言无味之纨绔子也。

欲知晓妆美 当于傅粉后

看晓妆宜于傅粉之后。

今译 观赏晓妆之人的美艳，应当在涂了胭脂之后。

点评 余淡心曰：看晚妆不知心斋以为宜于何时？
周冰持曰：不可说，不可说！
黄交三曰："水晶帘下看梳头。"不知尔时曾傅粉否？

痴情相思 神游千古

我不知我之前生当春秋之季，曾一识西施否；当典午之时[1]，曾一看卫玠否；当义熙之世，曾一醉渊明否；当天宝之代，曾一睹太真否；当元丰之朝，曾一晤东坡否。千古之上相思者，不止此数人，而此数人则其尤甚者，故姑举之以概其余也。

今译　不知我的前生，是不是具有了足够的运气？

在春秋的时候，曾结识了倾国的西施没有？

在晋代的时候，曾观看过美男子卫玠没有？

在刘宋的时候，曾与陶渊明一起酣饮没有？

在唐天宝年间，曾一睹杨贵妃的风采没有？

在宋元丰年间，曾与苏东坡剪烛晤谈没有？

对古人的相思，远远不止上面举的这几位。

之所以提出来，因为他们确是最被我思念。

注释　[1] 典午："司马"的隐语。《三国志·蜀志·谯周传》："周语次，因书版示立曰：'典午忽分，月西没分。'典午者，谓司马也；月酉者，谓八月也。至八月而文王（司马昭）果崩。"晋帝姓司马氏，后因以"典午"指晋朝。

点评　杨圣藻曰：君前生曾与诸君周旋，亦未可知，但今忘之耳。

纪伯紫曰：君之前生，或竟是渊明、东坡诸人，亦未可知。

王名友曰：不特此也，心斋自云愿来生为绝代佳人，又安知西施、太真不即为其前生耶？

郑破水曰：赞叹爱慕，千古一情。美人不必为妻妾，名士不必为朋友，又何必问之前生也耶？心斋真情痴也。

余香祖曰：我亦欲搔首问青天。

陆云士曰：余尝有诗曰："自昔闻佛言，人有轮回事。前生为古人，不知何姓氏。或览青史中，若与他人遇。"竟与心斋同情，然大逊其奇快。

前朝风流今何在　赖有相思入梦来

　　我又不知在隆万时，曾于旧院中交几名妓[1]；眉公、伯虎、若士、赤水诸君[2]，曾共我谈笑几回。茫茫宇宙，我今当向谁问之耶。

今译　　我又不知道在隆庆万历年间，
　　　　曾在旧院中结交了多少名妓；
　　　　陈继儒、唐寅、汤显祖、屠隆等人，
　　　　又曾经和我一起忘形地谈笑过几回？
　　　　茫茫宇宙，浮生苦短，我能够向谁探问！

注释　　[1]旧院：在南京，明朝是妓院聚集的地方。
　　　　[2]眉公：明陈继儒字仲醇，号眉公。杜门著述，工诗善文，名重一时。若士：明汤显祖字若士，万历进士。以擅词曲著名。著有"临川四梦"。赤水：明屠隆字纬真，号赤水。有异才，落笔千言立就。

点评　　江含徵曰：死者有知，则良晤匪遥。如各化为异物，吾

　　未如之何也已。

　　顾天石曰：具此襟情，百年后当有恨不与心斋周旋者，
　　则吾幸矣。

✿ 不可见花落月沉美人夭

花不可见其落，月不可见其沉，美人不可见其夭。

今译　　最惆怅，花飞花谢；
　　　　　颇难忍，明月沉沦；
　　　　　更哪堪，美人夭折！

点评　　朱其恭曰：君言谬矣。洵如所云，则美人必见其发白齿
　　　　　豁而后快耶？

✿ 种花须见其开　著书须见其成

种花须见其开，待月须见其满，著书须见其成，
美人须见其畅适，方有实际。否则皆为虚设。

今译　　种花要看到她蓓蕾绽放，待月要等到她晶莹圆满，

著书要坚持到大功告成，美人要看见她开颜欢笑，
才有实实在在的真正受用。
否则就什么意思都不会有。

点评　王璞庵曰：此条与上条互相发明，盖曰花不可见其落
　　　　耳，必须见其开也。

山居有乔松　受用无穷尽

以松花为粮，以松实为香，以松枝为麈尾，以松
阴为步障，以松涛为鼓吹。山居得乔松百余章，真乃
受用不尽。

今译　用松花当粮食，用松实当香料，用松枝当拂尘，
　　　　用松树的凉荫，当遮尘的屏幕，
　　　　用松林的涛声，作为伴奏乐曲。
　　　　居于深山，得百余株高松，真是受用无穷。

点评　施愚山曰：君独不记曾有松多大蚁之恨耶。
　　　　江含徵曰：松多大蚁，不妨便为蚁王。
　　　　石天外曰：坐乔松下，如在水晶宫中，见万顷波涛总在
　　　　　头上，真仙境也。

玩月之法

玩月之法：皎洁则宜仰观，朦胧则宜俯视。

今译　欣赏月亮时，应该注意方法的不同：
月色皎洁时，适宜从低处向高处看；
月色朦胧时，适宜从高处向低处看。

点评　孔东塘曰：深得玩月三昧。

读书须刻　买书宜贪　行善应痴

凡事不宜刻[1]，若读书则不可不刻；凡事不宜贪，若买书则不可不贪；凡事不宜痴，若行善则不可不痴。

今译　凡事不应过于苛刻，但读书则应当除外，
应当严格要求，探求奥义；
凡事不当贪多务得，但买书却应当除外，
应当遍寻名著，尽其所有；
凡事不应痴呆迟钝，但行善则应当除外，
应当全心付出，不图回报。

注释　　[1] 刻：苛刻。

点评　　余淡心曰：读书不可不刻，请去一"读"字移以赠我，
　　　　何如？

张竹坡曰：我为刻书累，请并去一"不"字。

杨圣藻曰：行善不痴，是邀名矣。

物极必反　善得其中

酒可好不可骂座[1]，色可好不可伤生，财可好不
可昧心，气可好不可越理。

今译　　美酒可以喜欢，但不要乘醉骂人；

美色可以贪恋，但不要纵欲伤身；

钱财可以追求，但不可昧着良心；

脾气可以发泄，但不要不讲道理。

注释　　[1] 骂座：喝醉了酒，撒酒疯。按此处是针对流行的
　　　　"酒色财气"发表意见。

点评　　袁中江曰：如灌夫使酒，文园病肺。昨夜南塘一出，马
　　　　上挟章台柳归，亦自无妨，觉愈见英雄本色也。

文名　俭德　清闲

文名可以当科第，俭德可以当货财，清闲可以当寿考。

今译　美好的文章就是科举功名，
勤俭的美德就是钱财资本，
无欲的闲适就是长生不老。

点评　聂晋人曰：若名人而登甲第，富翁而不骄奢，寿翁而又清闲，便是蓬壶三岛中人也。

范汝受曰：此亦是贫贱文人，无所事事，自为慰藉云耳，恐亦无实在受用处也。

曾青藜曰："无事此静坐，一日似两日。若活七十年，便是百四十。"此是清闲当寿考注脚。

石天外曰：得老子退一步法。

顾天石曰：予生平喜游，每逢佳山水辄流连不去，亦自谓可当园亭之乐。质诸心斋，以为然否？

心仪神往　尚友古人

不独诵其诗，读其书，是尚友古人[1]，即观其字画，亦是尚友古人处。

今译　上与古人成为精神的朋友，
　　　　不仅仅是吟诵古人的诗句，
　　　　或者是去阅读古人的著作。
　　　　还有观赏揣摩古人的字画，
　　　　也同样是与古人心心相印。

注释　[1] 尚友：上与古人为友。

点评　张竹坡曰：能友字画中之古人，则九原皆为之感泣矣。

斋僧施舍无益　祝寿诗文无聊

　无益之施舍，莫过于斋僧；无益之诗文，莫过于
祝寿。

今译　没有用处的施舍，莫过于贪求福报的斋僧；
　　　　没有用处的诗文，莫过于应付光景的祝寿。

点评　殷简堂曰：若诗文有笔赀，亦未尝不可。
　　　　张竹坡曰：无益之心思，莫过于忧贫；无益之学问，莫
　　　　过于务名。

妻贤　境顺

妾美不如妻贤，钱多不如境顺。

今译　妾貌虽美，不如妻子贤慧；
　　　　钱财纵多，不如处境顺畅。

点评　张竹坡曰：此所谓竿头欲进步者，然妻不贤安用妾美，
　　　　钱不多那得境顺？
　　　　张迂庵曰：此盖谓二者不可得兼，舍一而取一者也。○
　　　　又曰：世固有钱多而境不顺者。

修古庙　温旧业

创新庵不若修古庙，读生书不若温旧业。

今译　建新庵不如修葺古庙，读新书不如温习旧课。

点评　张竹坡曰：是真会读书者，是真读过万卷书者，是真一
　　　　书曾读过数遍者。
　　　　顾天石曰：惟左传、楚辞、马班杜韩之诗文，及《水
　　　　浒》、《西游》、《还魂》等书，读百遍不厌，此外皆

不耐温者矣，奈何?

字画同出一源

字与画同出一源。观六书始于象形[1]，则可知已。

今译　文字与绘画出自同一源头。
观看古代的六种造字方法，
以象形之法作为它的开始，
就可以明白其中的道理了。

注释　[1] 六书：古代六种造字法，即象形、指事、会意、形
声、转注，假借。

点评　江含徵曰：有不可画之字，不得不用六法也。
张竹坡曰：千古人未经道破，却一口拈出。

忙人园亭宜近　闲人园亭宜远

忙人园亭，宜与住宅相连；闲人园亭，不妨与住
宅相远。

今译　　繁忙者的园亭，应建得与住宅近些，可以抽空玩赏；

悠闲人的圆亭，应建得离住宅远些，可以从容休憩。

点评　　张竹坡曰：真闲人必以园亭为住宅。

    酒可以当茶　茶不可当酒

　　酒可以当茶，茶不可以当酒；诗可以当文，文不可以当诗；曲可以当词，词不可以当曲；月可以当灯，灯不可以当月；笔可以当口，口不可以当笔；婢可以当奴，奴不可以当婢。

今译　　美酒甘香袭人，能够代替清茶，

而清茶不能代替美酒；

诗歌风韵绝佳，能够代替文章，

而文章不能代替诗歌；

曲子体情细腻，能够代替词调，

而词调不能代替曲子；

月色清丽如水，能够代替灯光，

而灯光不能代替月色；

运笔挥洒自如，能够代替说话，

而说话不能代替运笔；

婢女善解人心，能够代替家奴，

　　而家奴不能代替婢女。

点评　江含徵曰：婢当奴，则太亲，吾恐忽闻河东狮子吼耳。

　　　　周星远曰：奴亦有可以当婢处，但未免稍逊耳。○近时
　　　　　　士大夫往往耽此癖。吾辈驰骛之流，盗窃虚名，亦欲
　　　　　　效颦相尚。滔滔者天下皆是也，心斋岂未识其故乎？

　　　　张竹坡曰：婢可以当奴者，有奴之所有者也；奴不可以
　　　　　　当婢者，有婢之所同有，无婢之所独有者也。

　　　　弟木山曰：兄于饮食之顷，恐不可以当灯。

　　　　余湘客曰：以奴当婢，小姐权时落后也。

　　　　宗子发曰：惟帝王家，不妨以奴当婢，盖以有阉割法
　　　　　　也。每见人家奴子出入主母卧房，亦殊可虑。

　　　　胸中不平以酒消　世间不平以剑消

　　胸中小不平，可以酒消之；世间大不平，非剑不
能消也[1]。

今译　胸中小不平，一醉即可解；
　　　　世间大不平，仗剑方能除。

注释　[1] 非剑不能消：唐贾岛《磨剑》："十年磨一剑，霜刃
　　　　　　未曾试。今日把示君，谁有不平事？"

点评　周星远曰："看剑引杯长。"一切不平皆破除矣。

　　　张竹坡曰：此平世的剑术，非隐娘辈所知。

　　　张迂庵曰：苍苍者，未必肯以太阿假人，似不能代作空
　　　　空儿也。

　　　尤悔庵曰：龙泉太阿，汝知我者，岂非苏子美以一斗读
　　　　《汉书》耶。

宁可口诛　不可笔伐

　　不得已而谀之者，宁以口，毋以笔；不可耐而骂
之者，亦宁以口，毋以笔。

今译　如果迫不得已非得奉承的话，宁愿用口不要用笔；
　　　如果忍无可忍非得怒骂的话，宁愿用口不要用笔。

点评　孙豹人曰：但恐未必能自主耳。

　　　张竹坡曰：上句立品，下句立德。

　　　张迂庵曰：匪惟立德，亦以免祸。

　　　顾天石曰：今人笔不谀人，更无用笔之处矣。心斋不知
　　　　此苦，还是唐宋以上人耳。

　　　陆云士曰：古笔铭曰："毫毛茂茂，陷水可脱，陷文不
　　　　活。"正此谓也。亦有谀以笔而实讥之者，亦有骂以
　　　　笔而若誉之者，总以不笔为高。

多情好色　红颜薄命　诗者好酒

　　多情者必好色，而好色者未必尽属多情；红颜者必薄命，而薄命者未必尽属红颜；能诗者必好酒，而好酒者未必尽属能诗。

　　今译　多情种子必然喜好美色，而好色之徒未必多情；
　　　　　　美丽女子必然命运多舛，而薄命之人未必美丽之人；
　　　　　　能诗的文士必然喜欢饮酒，
　　　　　　而贪杯之流未必都能写出好诗。

　　点评　张竹坡曰：情起于色者，则好色也，非情也；祸起于颜色者，则薄命在红颜，否则亦止曰命而已矣。
　　　　　　洪秋士曰：世亦有能诗而不好酒者。

花木有情　感发人心

　　梅令人高，兰令人幽，菊令人野[1]，莲令人淡，春海棠令人艳，牡丹令人豪，蕉与竹令人韵，秋海棠令人媚，松令人逸，桐令人清[2]，柳令人感[3]。

　　今译　梅花令人气骨高古，兰花令人清幽如玉，

菊花令人疏野清旷，莲花令人恬淡自持，
春海棠令人情思绮艳，牡丹花令人豪气飘飘，
蕉与竹令人倍添风韵，秋海棠令人多情妩媚，
松树能令人潇洒出尘，梧桐能令人神思清澈，
而长条随风的柳树啊，最能够令人感慨万端。

注释　[1]菊令人野：菊含隐逸之意。晋陶渊明爱菊，有《饮
酒》诗（其五）曰："采菊东篱下，悠然见
南山。"

[2]桐令人清：古人以琴声为清高。桐，指琴。

[3]柳令人感：《世说新语·言语》："桓公北征，经金
城，见前为琅邪时种柳，皆已十围，慨然曰：'木
犹如此，人何以堪！'攀枝执条，泫然流泪。"

点评　张竹坡曰：美人令众卉皆香，名士令群芳俱舞。

尤谨庸曰：读之惊才绝艳，堪采入群芳谱中。

月琴鸟柳　最能感人

物之能感人者，在天莫如月，在乐莫如琴，在动
物莫如鸟，在植物莫如柳。

今译　最能感发人心的东西是：

碧天上的月亮时圆时缺，乐器中的琴声抑扬顿挫，
动物中的鸟儿婉转啼鸣，植物中的柳树长条随风。

点评　袁翔甫补评曰：问之物而物不知其所以然也，问之人而
人亦不知其何以故也。

涉猎可通古今　清高须识时务

涉猎虽曰无用，犹胜于不通古今；清高固然可嘉，
莫流于不识时务。

今译　广泛涉猎虽说没用处，仍然强于不通古今之辈；
清高脱俗虽然值得称道，但不要成为不识时务之人。

点评　黄交三曰：南阳抱膝时，原非清高者可比。
江含徵曰：此是心斋经济语。
张竹坡曰：不合时宜则可，不达时务奚其可。
尤悔庵曰：名言，名言。

所谓美人

所谓美人者：以花为貌，以鸟为声，以月为神，以

柳为态，以玉为骨，以冰雪为肤，以秋水为姿，以诗
词为心。吾无间然矣[1]。

今译　　什么是真正的绝代佳人？
　　　　她的容貌如鲜花般娇艳，她的声音如鸟儿般婉转，
　　　　她的神韵如明月般清丽，她的身姿如柔柳般婀娜，
　　　　她的气质如美玉般高洁，她的肌肤如冰雪般无瑕，
　　　　她的眼波如秋水般明澈，她的情思如诗词般旖旎。
　　　　对这样完美无缺的美人，我还能有什么遗憾的呢。

注释　　[1]无间然：无可指责，无可挑剔。即十全十美。《论
　　　　语·泰伯》："禹，吾无间然矣。"

点评　　冒辟疆曰：合古今灵秀之气，庶几铸此一人。
　　　　江含徵曰：还要有松檗之操才好。
　　　　黄交三曰：论美人而曰以诗词为心，真是闻所未闻。

人为何物

蝇集人面，蚊嘬人肤，不知以人为何物。

今译　　苍蝇叮咬人的脸面，蚊虫刺螫人的肌肤，
　　　　在这些虫子的眼里，人到底是什么东西？

点评　陈康畴曰：应是头陀转世，意中但求布施也。

释作人曰：不堪道破。

张竹坡曰：此《南华》精髓也。

尤悔庵曰：正以人之血肉，只堪供蝇蚊咀嚼耳。以我视
　　之，人也；自蝇蚊视之，何异腥膻臭腐乎？

陆云士曰：集人面者非蝇而蝇，嘬人肤者非蚊而蚊。明
　　知其为人也，而集之嘬之，更不知其以人为何物。

谋生逐利　尽失乐趣

有山林隐逸之乐而不知享者，渔樵也，农圃也，缁黄也；有园亭姬妾之乐，而不能享、不善享者，富商也、大僚也。

今译　山林广大，景致清幽，而不能享受隐逸快乐的，
　　是渔夫与樵子、种菜的老农、僧人与道士；
　　园亭精美，妻妾成群，而不能享受、不善享受的，
　　是日夜钻营、殚精竭虑的富商，
　　是玩弄权术、机关算尽的官僚。

点评　弟木山曰：有山珍海错，而不能享者，庖人也；有牙笺
　　玉轴而不能读者，蠹鱼也，书贾也。

点评鸳鸯谱　名花各有主

黎举云："欲令梅聘海棠，橙桄臣樱桃，以芥嫁笋，但时不同耳。"予谓物各有偶，拟必于伦。今之嫁娶，殊觉未当。如梅之为物，品最清高；棠之为物，姿极妖艳。即使同时，亦不可为夫妇。不若梅聘梨花，海棠嫁杏，橼臣佛手，荔枝臣樱桃，秋海棠嫁雁来红，庶几相称耳。至若以芥嫁笋，笋如有知，必受河东狮子之累矣。

今译　黎举说："想让梅花娶海棠，让橙子作樱桃之臣，让芥花嫁给竹笋，只是它们生长的季节不同，不能如愿罢了。"我则以为——

每一件事物都有它的配偶，但如果使之相配，必须门当户对才行。前面所说的嫁娶，实在很不相称。比如梅花品性清高，而海棠姿态妖艳。即使它们生长在同一个季节，也不能结为夫妇。

不如让高古的梅花娶恬淡的梨花，让妖艳的海棠嫁给妖娆的杏花，让香橼作佛手之臣，让荔枝作樱桃之臣，让秋海棠嫁给雁来红，还差不多相互匹配。

如果将辛辣的芥花嫁给恬静的竹笋，竹笋有知，一定会倍受芥花的欺负了。

点评　弟木山曰：余尝以芍药为牡丹后，因作贺表一通。兄曾云：但恐芍药未必肯耳。

石天外曰：花神有知，当以花果数升谢蹇修矣。

五色失中庸　黑与白无过

五色有太过有不及，惟黑与白无太过。

今译　青黄赤白黑五色中，青、黄、赤的颜色，
不是太深便是太浅，只有黑白不嫌深浅。

点评　杜茶村曰：君独不闻唐有李太白乎？
江含徵曰：又不闻玄之又玄乎？
尤悔庵曰：知此道者，其惟弈乎？老子曰："知其白，
守其黑。"

人生快意事　不枉走一遭

阅《水浒传》，至鲁达打镇关西，武松打虎，因思人生必有一桩快意事，方不枉生一场。即不能有其事，亦须著得一种得意之书，庶几无憾耳。

今译　读《水浒传》这部书时，当看到鲁达拳打镇关西，
　　　　武松在景阳冈打老虎时，不由得手舞足蹈并想道：
　　　　人生在世痛苦本来很多，必须有桩极度快心的事，
　　　　才算没有白白地活一回。即使不能干出这种事情，
　　　　也必须著成一部得意书，才不会觉得有什么遗憾。

点评　张竹坡曰：此等事，必须无意中方做得来。
　　　　陆云士曰：心斋所著得意之书颇多，不止一打快活林，
　　　　　一打景阳冈称快意矣。

春风如酒　夏风如茗

春风如酒，夏风如茗，秋风如烟如姜芥。

今译　春风如美酒一样，使人陶然欲醉，
　　　　夏风如清茶一样，使人神清气爽，
　　　　秋风如烟尘姜芥，使人迷茫酸辛。

点评　许筠庵曰：所以秋风客气味狠辣。
　　　　张竹坡曰：安得东风夜夜来。

鸟声之佳者　贵在出自然

鸟声之最佳者，画眉第一，黄鹂、百舌次之。然黄鹂、百舌，世未有笼而畜之者，其殆高士之俦，可闻而不可屈者耶。

今译　叫得最动听的鸟是画眉，其次是黄鹂、百舌。
但黄鹂、百舌从来没有像画眉那样被人关在笼子里豢养，它们大概是鸟中的高士一类，人们只能听到它们的声音，却不能使它们取悦自己。

点评　江含徵曰：又有"打起黄莺儿"者，然则亦有时用他不着。
陆云士曰："黄鹂住久浑相识，欲别频啼四五声。"来去有情，正不必笼而畜之也。

不治生产累人　专务交游累己

不治生产，其后必致累人；专务交游，其后必致累己。

今译　不置谋生之业，日后必然累及别人；

一味与人交游，日后必然连累自己。

点评　杨圣藻曰：晨钟夕磬，发人深省。

冒巢民曰：若在我，虽累己累人，亦所不悔。

宗子发曰：累己犹可，若累人则不可矣。

江含徵曰：今之人未必肯受你累，还是自家稳些的好。

✑ 女子识字　人易知之

　　昔人云：妇人识字，多致诲淫。予谓此非识字之过也。盖识字则非无闻之人，其淫也，人易得而知耳。

今译　前人说：女人知书识字，往往容易导致奸淫。

其实这哪里是知书识字的过错！

因为知书识字，她就不是默默无闻的人，

她的行为稍有不贞，别人就格外容易知道罢了。

点评　张竹坡曰：此名士持身，不可不加谨也。

李若金曰：贞者识字愈贤，淫者不识字亦淫。

善读书 善游历

善读书者无之而非书：山水亦书也，棋酒亦书也，花月亦书也；善游山水者，无之而非山水：书史亦山水也，诗酒亦山水也，花月亦山水也。

今译　在善于读书治学的人眼里，
就没有一样东西不是书：
山水是书，棋酒是书，花月也是书；
在善于游览山水的人眼里，
也没有一样东西不是山水：
经史是山水，诗酒是山水，花月也是山水。

点评　陈鹤山曰：此方是真善读书人，善游山水人。
黄交三曰：善于领会者，当作如是观。
江含微曰：五更卧被时，有无数山水书籍在眼前胸中。
尤悔庵曰：山耶、水耶、书耶？一而二，二而三，三而一者也。
陆云士曰：妙舌如环，真慧业文人之语。

园亭布置 朴素为佳

园亭之妙，在丘壑布置，不在雕绘琐屑。往往见人家园子屋脊墙头，雕砖镂瓦，非不穷极工巧，然未久即坏，坏后极难修葺，是何如朴素之为佳乎。

今译 园亭的妙处，不在于雕栏画栋，

而在于布局的高低起伏迂回曲折。

常常见人家园子里屋脊墙头，用雕琢的砖瓦装饰，

工艺固然精巧，但过不了多久就会被风雨蚀坏，

蚀坏之后又难以修复、补葺，

怎么比得上朴素的好处呢?

点评 江含微曰：世间最令人神怆者，莫如名园雅墅，一经颓

废，风台月榭，埋没荆棘。故昔之贤达，有不欲置别

业者。予尝过琴虞留题名园，句有云："而今绮砌雕

栏在，剩与园丁作业钱。"盖伤之也。

弟木山曰：予尝悟作园亭与作光棍二法。园亭之善多在

回廊，光棍之恶在能结讼。

清宵言愁　良夜语恨

清宵独坐，邀月言愁；良夜孤眠，呼蛩语恨[1]。

今译 清幽的夜里独自静坐，对月色倾诉一腔愁恨；

美好的晚上孤枕难眠，托蛩声传递满怀幽愁。

注释　　[1] 蛩（qióng）：蟋蟀。

点评　　袁士旦曰：令我百端交集。

　　　　　　官声采于舆论　花案定于成心

　　官声采于舆论。豪右之口[1]，与寒乞之口，俱不得其真。花案定于成心[2]。艳媚之评，与寝陋之评[3]，概恐失其实。

今译　　做官者的声名由众人的舆论所形成。
　　　　　豪门贵族的评论与穷酸寒士的评论，都和真情相远。
　　　　　而艺伎的品评出自先入为主的心情。
　　　　　美艳妖媚的名声与丑陋粗俗的印象，均与实况相违。

注释　　[1] 豪右：富豪家族，世家大户。
　　　　　[2] 花案：旧时文士青楼冶游，对妓女进行品评，定其名次，叫作花案。
　　　　　[3] 寝陋：容貌丑陋。

点评　　倪永清曰：我谓众人唾骂者，其人必有可观。
　　　　　黄九烟曰：先师有言，不如乡人之善者好之；其不善者恶之。

李若金曰：豪右而不讲分上，寒乞而不望推恩者，亦未
尝无公论。

胸藏丘壑　兴寄烟霞

胸藏丘壑[1]，城市不异山林；兴寄烟霞，阎浮有
如蓬岛[2]。

今译　只要你的心中蕴有名山大川，
居于喧嚣都市如同宁静山林；
只要你能意兴高旷潇洒清远，
置身扰扰红尘如同海外仙山。

注释　[1] 胸藏丘壑：宋黄庭坚《题子瞻枯木》："胸中元自有
丘壑，故作老木蟠风霜。"
[2] 阎浮：即阎浮提，多植阎浮树。诗文中多指人
世间。

点评　袁翔甫补评曰：旷达二字，由于天性。先生之风，山高
水长。

多情　好饮　喜读书

多情者不以生死易心，好饮者不以寒暑改量，喜读书者不以忙闲作辍。

今译　情感真挚的人不会因为生死而改变情感，
　　　　喜好饮酒的人不会因为寒暑而改变酒量，
　　　　喜爱读书的人不会因为忙闲而停止研习。

点评　朱其恭曰：此三言者，皆是心斋自为写照。

蛛为蝶敌国　驴为马附庸

蛛为蝶之敌国，驴为马之附庸。

今译　蜘蛛是蝴蝶的对手，驴是马的附庸。

点评　周星远曰：妙论解颐，不数晋人危语、隐语。
　　　　黄交三曰：自开辟以来，未闻有此奇论。

法乎宋人　参以晋代

立品须法乎宋人之道学，涉世宜参以晋代之风流。

今译　树立品节应当取法宋代人的道学标格；
　　　　为人处世应当具备魏晋人的潇洒风神。

点评　倪永清曰：等闲地位，却是个双料圣人。
　　　　方宝臣曰：真真道学，未有不风流者。
　　　　张竹坡曰：夫子自道也。
　　　　胡静夫曰：予赠金陵前辈赵容庵句云："文章鼎立庄骚
　　　　　外，杖履风流晋宋间。"今当移赠山老。
　　　　陆云士曰：有不风流之道学，有风流之道学；有不道学
　　　　　之风流，有道学之风流，毫厘千里。

禽兽知人伦　草木有礼数

　　古谓禽兽亦知人伦。予谓匪独禽兽也，即草木亦
复有之。牡丹为王，芍药为相，其君臣也；南山之乔，
北山之梓，其父子也；荆之闻分而枯，闻不分而活，
其兄弟也；莲之并蒂，其夫妇也；兰之同心，其朋
友也。

今译　古人说禽兽也知道人类的纲常伦理。

我却认为不单是禽兽，就是草木也有伦理。

牡丹是王者，芍药为宰相，是配合默契的君臣；

南山乔木高高挺立，北山梓树俯首肃立，

是高下分明的父子；

紫荆树听到兄弟分家就枯萎，听到不分又恢复生机，

是手足情长的兄弟；

莲花并蒂，是爱意融融的夫妇；

兰花同心，是心心相印的朋友。

点评　江含徵曰：纲常伦理，今日几于扫地，合向花木鸟兽中
　　　　求之。○又曰：心斋不喜迂腐，此却有腐气。

做文人易　做才子难 🎵

豪杰易于圣贤，文人多于才子。

今译　做豪杰比做圣贤容易，做才子比做文人困难。

点评　张竹坡曰：豪杰不能为圣贤，圣贤未有不豪杰，文人才
　　　　子亦然。

牛仕马隐　鹿仙豕凡

牛与马，一仕而一隐也；鹿与豕，一仙而一凡也。

今译　牛和马，一个高隐，一个出仕；
　　　　鹿与猪，一个神仙，一个凡俗。

点评　杜茶村曰：田单之火牛，亦曾效力疆场；至马之隐者，
　　　　则绝无之矣。若武王归马于华山之阳，所谓勒令致仕
　　　　者也。
　　　　张竹坡曰：谚云："莫与儿孙作马牛。"盖为后人审出处
　　　　语也。

古今至文　至情至性

古今至文，皆血泪所成。

今译　从古至今，至美至佳的文字，都是血泪所写成。

点评　吴晴严曰：山老清泪痕，一书细看，皆是血泪。
　　　　江含徵曰：古今恶文，亦纯是血。

一切从情而生　万事因才而美

　　情之一字，所以维持世界；才之一字，所以粉饰乾坤。

今译　　一切从情而生，情感这个词，
　　　　　是滋润大千世界的生命甘泉；
　　　　　万事因才而美，才子这个词，
　　　　　是装扮锦绣乾坤的璧月珠光。

点评　　吴雨若曰：世界原从情字生出，有夫妇然后有父子，有
　　　　　父子然后有兄弟，有兄弟然后有朋友，有朋友然后有
　　　　　君臣。
　　　　　释中洲曰：情与才缺一不可。

青山衬绿水　美酒催佳诗

　　有青山方有绿水，水惟借色于山；有美酒便有佳诗，诗亦乞灵于酒。

今译　　有青山才有绿水，绿水碧波须青山映衬；
　　　　　有美酒才有佳诗，创作灵感从饮酒而来。

点评　李圣许曰：有青山绿水，乃可酌美酒而咏佳诗，是诗酒
又发端于山水也。

　　　🍃 高人讲学　不拘形式

　　严君平以卜讲学者也；孙思邈以医讲学者也；诸
葛武侯以出师讲学者也。

今译　严君平用卖卜来讲学，
　　　孙思邈用行医来讲学，
　　　诸葛亮用出师来讲学。

点评　殷日戒曰：心斋殆又以《幽梦影》讲学者耶。

　　　🍃 明镜遇丑女　无可奈何事

　　镜不幸而遇嫫母，砚不幸而遇俗子，剑不幸而遇
庸将，皆无可奈何之事。

今译　明镜不幸，遇见丑陋的女人；
　　　佳砚不幸，遇到粗俗的文士，

宝剑不幸，遇上平庸的武将，

都是极其无奈的事情。

点评　杨圣藻曰：凡不幸者，皆可以此概之。

闵宾连曰：心斋案头无一佳砚，然诗文绝无一点尘俗

气，此又砚之大幸也。

适意知己　尽情把玩

天下无书则已，有则必当读；无酒则已，有则必
当饮；无名山则已，有则必当游；无花月则已，有则
必当赏玩；无才子佳人则已，有则必当爱慕怜惜。

今译　没有好书则已，有好书一定要阅读；

没有美酒则已，有美酒一定要痛饮；

没有名山则已，有名山一定要畅游；

没有花月则已，有花月一定要赏玩；

没有才子佳人则已，有才子佳人一定要爱慕怜惜。

点评　弟木山曰：谈何容易？即吾家黄山，几能得一到耶？

秋虫春鸟吐好音　文人才士著奇文

秋虫春鸟，尚能调声弄舌，时吐好音。我辈搦管拈毫，岂可甘作鸦鸣牛喘！

今译　春天的虫儿秋天的鸟儿，尚且能够调声弄舌和鸣，
发出了动听悦耳的声音；我们这些专职的读书人，
执着毛笔写出来的文章，岂能像鸦聒牛喘般难听？

点评　张竹坡曰：宰相不问科律而问牛喘，真是文章司命。
吴菌次曰：牛若不喘，宰相安肯问之。
倪永清曰：世皆以鸦鸣牛喘为凤歌鸾唱，奈何。

丑人多作怪　示拙可全身

媸颜陋质，不与镜为仇者，亦以镜为无知之死物耳。使镜而有知，必遭扑破矣。

今译　相貌丑陋的人即使不与镜子作对，
也一定会觉得镜子不过是无知的死物，
如果知道镜子有审美判断的话，
一定会毫不犹豫地摔破它！

点评　江含徵曰：镜而有知，遇若辈早已回避矣。

　　　　张竹坡曰：镜而有知，必当化媸为妍。

熟知作文之法　贵在布置剪裁

　作文之法：意之曲折者，宜写之以显浅之词；理之显浅者，宜运之以曲折之笔；题之熟者，参之以新奇之想；题之庸者，深之以关系之论。至于窘者舒之使长，缛者删之使简，俚者文之使雅，闹者摄之使静，皆所谓裁制也。

今译　写好文章的方法很多：

　　　　如果表达曲折的意思，应用浅显流畅的文词；

　　　　如果表达浅显的道理，应用一波三折的笔法。

　　　　如果标题是老生常谈，要在构思新奇上用力；

　　　　如果标题是平淡无奇，就要用论述深切补救。

　　　　窘迫处添词使它增长，繁缛处删削使它精简，

　　　　粗俗处润色使它文雅，纷乱处梳理使它简洁，

　　　　这些都是所谓写文章的剪裁之法。

点评　陈康畴曰：深得作文三昧语。

　　　　张竹坡曰：所谓节制之师。

　　　　王丹麓曰：文家秘旨，和盘托出，有功作者不浅。

❧ 天地万物　皆有其尤

笋为蔬中尤物，荔枝为果中尤物，蟹为水族中尤物，酒为饮食中尤物，月为天文中尤物，西湖为山水中尤物，词曲为文字中尤物。

今译　竹笋是蔬菜中的极品，荔枝是水果中的极品，
螃蟹是水产中的极品，美酒是饮食中的极品，
月亮是天文中的极品，西湖是山水中的极品，
词曲是文字中的极品。

点评　张南村曰：《幽梦影》可为书中尤物。
陈鹤山曰：此一则又为《幽梦影》中尤物。

❧ 好花倍护惜　美人着意怜

买得一本好花，犹且爱怜而护惜之，矧其为解语花乎？

今译　如果买到一株鲜丽的花，尚且知道爱怜护惜；
如果得到一位绝色佳丽，更应当要惜玉怜香。

点评　李若金曰：花能解语，而落于粗恶武夫，或遭狮吼、戕
　　　　贼，虽欲爱护，何可得。

　　　　周星远曰：情至之语。"自是君身有仙骨，世人那得知
　　　　其故"耶。

　　　　石天外曰：此一副心，令我念佛数声。

观扇识人

观手中便面[1]，足以知其人之雅俗，足以识其人
之交游。

今译　观看对方手中的摺扇，就能够知道他的情趣，
　　　到底是高雅还是粗俗，他交往的是哪一类人。

注释　[1]便面：古代用以遮面的扇状物。

点评　李圣许曰：今人以笔资丐名士书画，名士何尝与之交
　　　　游，吾知其手中便面虽雅，而其人则俗甚也。心斋此
　　　　条犹非定论。

　　　　毕岘谷曰：人苟肯以笔资丐名士书画，则其人犹有雅道
　　　　存焉，世固有并不爱此道者。

水火皆有德　变不洁为洁

　　水为至污之所会归，火为至污之所不到。若变不洁而为至洁，则水火皆然。

今译　　最最污浊的东西，能够被水所容纳，
　　　　　　却接近不了火焰。至于将污秽之物，
　　　　　　转化为洁净之物，水与火都能做到。

点评　　江含徵曰：世间之物，宜投诸水火者不少，盖喜其
　　　　　　变也。

丑而可观　不通而可爱

　　貌有丑而可观者，有虽不丑而不足观者；文有不通而可爱者，有虽通而极可厌者。此未易与浅人道也。

今译　　长相有虽然丑陋然但耐人观看的，
　　　　　　也有长得虽然不丑但不值一看的；
　　　　　　文章有虽然不通顺但惹人喜爱的，
　　　　　　有写得通顺然但读之令人厌恶的；
　　　　　　这种体验实在难以和肤浅的人说。

点评　李若金曰：究竟可观者必有奇怪处，可爱者必无大
　　　　不通。

　　　　陈康畴曰：相马于牝牡骊黄之外者，得之矣。

游玩山水　贵在有缘

　　游玩山水，亦复有缘。苟机缘未至，则虽近在数
十里之内，亦无暇到也。

今译　游玩山水也讲究缘分，如果这缘分没有成熟，
　　　　即使近在数十里之内，也没有时间前往一游。

点评　张南村曰：予晤心斋时，询其曾游黄山否，心斋对以未
　　　　游，当是机缘未至耳。

　　　　陆云士曰：余慕心斋者十年，今戊寅之冬始得一面。身
　　　　到黄山，恨其晚而正未晚也。

贫而无谄　富而无骄

　　贫而无谄，富而无骄[1]，古人之所贤也；贫而无
骄[2]，富而无谄，今人之所少也。足以知世风之降矣。

今译　贫穷而不谄媚，富贵而不骄矜，

这种情形早已为古代人所称道；

贫贱而不骄傲，富贵而不谄媚，

这种情形实在为现代人所少有。

真可以说是世风不古江河日下。

注释　[1] 贫而无谄，富而无骄：见《论语·学而》。意为贫

穷却不巴结奉承，富有却不骄傲自大。

[2] 贫而无骄：贫贱骄人的反面。贫贱骄人意为身处贫

贱，但以此蔑视权贵。《史记·魏世家》："富贵骄

人乎，且贫贱者骄人乎？"

点评　许荛庵曰：战国时已有贫贱骄人之说矣。

张竹坡曰：有一人一时而对此谄、对彼骄者更难。

　　　终生不倦事　读书与游山

　　昔人欲以十年读书，十年游山，十年检藏。予谓
检藏尽可不必十年，只二三载足矣。若读书与游山，
虽或相倍蓰，恐亦不足以偿所愿也。必也如黄九烟前
辈之所云"人生必三百岁"，而后可乎。

　　今译　前人曾想用十年读书，十年游山，十年检藏。

我以为检藏不必十年，只须两三年就已足够。
至于读书与游览山水，即使花上几十年时间，
也难以满足读遍天下奇书、游遍天下山水的心愿。
要像黄九烟前辈所说，"人既然活在这世上，
必须活它个三百岁"，才差不多能如愿以偿！

点评　　江含徵曰：昔贤原谓尽则安能，但身到处莫放过耳。

　　　　孙松坪曰：吾乡李长蘅先生爱湖上诸山，有"每个峰头
　　　　　住一年"之句，然则黄先生所云，犹恨其少。

　　　　张竹坡曰：今日想求彭祖反不如马迁。

宁为小人骂　毋为君子鄙

　　宁为小人之所骂，毋为君子之所鄙；宁为盲主司
之所摈弃，毋为诸名宿之所不知。

今译　　宁愿被小人所责骂，

　　　　也不要被有德行的君子们所鄙弃；

　　　　宁愿被瞎主考摈弃，

　　　　也不要被年高望重的名人所不知。

点评　　陈康畴曰：世之人，自今以后，慎毋骂心斋也。

　　　　江含徵曰：不独骂也，即打亦无妨，但恐鸡肋不足以安

尊拳耳。

张竹坡曰：后二句足少平吾恨。

李若金曰：不为小人所骂，便是乡愿；若为君子所鄙，
　　　断非佳士。

傲骨不可无　傲心不可有

傲骨不可无，傲心不可有。无傲骨则近于鄙夫，
有傲心不得为君子。

今译　傲世之骨不能无，傲慢之心则不能有：
　　　没有傲骨，就会近似鄙陋浅薄的小人；
　　　只有傲心，不能成为温文尔雅的君子。

点评　吴街南曰：立君子之侧，骨亦不可傲；当鄙夫之前，心
　　　亦不可不傲。

　　　石天外曰：道学之言，才人之笔。

蝉是虫中隐者　蜂为虫中宰相

蝉是虫中之夷齐，蜂为虫中之管晏[1]。

今译　蝉儿餐风饮露品性高洁，如同高人隐士洁身自好，
　　　　是昆虫界的伯夷与叔齐；蜂儿辛勤酿蜜鞠躬尽瘁，
　　　　如同将相大臣操劳国事，是昆虫世界的管仲晏子。

注释　[1]"蜂为"句：清高士奇《编珠》卷二引《阴阳变化
　　　　录》说，相蜂（也叫将蜂）每年三四月生，不能
　　　　采花，但能酿蜜，无此蜂则蜜不成。至七八月间尽
　　　　死，不死则群蜂尽。《关尹子·三极》："圣人师蜂
　　　　立君臣。"

点评　崔青峙曰：心斋可谓虫之董狐。

　　　　　　　　天地皆幻影　幻中趣亦奇

　　镜中之影，着色人物也；月下之影，写意人物也。
镜中之影，钩边画也[1]；月下之影，没骨画也[2]。月
中山河之影，天文中地理也；水中星月之象，地理中
天文也。

今译　镜中人影，纤毫毕现，是上了颜色的人物画；
　　　　月下人影，朦胧隐约，是传神写意的人物画。
　　　　镜中的人影，是运用双钩技法的工笔画；
　　　　月下的人影，是不用双钩技法的没骨画。

映在月里的山河大地的影像，是天文中的地理；

映在水里的星星月亮的影像，是地理中的天文。

注释　[1] 钩边画：双钩技法的工笔画。

[2] 没骨画：国画花鸟的一种画法，绘时布彩肖物，不用双钩，类似今天的水彩画。

点评　恽叔子曰：绘空镂影之笔。

石天外曰：此种着色写意，能令古今善画人一齐阁笔。

读无字之书　会难通之解

　　能读无字之书，方可得惊人妙句；能会难通之解，方可参最上禅机。

今译　只有读懂没文字的书，才能写出石破天惊的妙句；

只有解开难领会的谜，才能参悟高深莫测的禅机。

点评　黄交三曰：山老之学从悟而入，故常有彻天彻地之言。

游山水须诗酒　赏花月须佳丽

　　若无诗酒，则山水为具文；若无佳丽，则花月皆虚设。

今译　如果没有诗歌美酒与人相伴，
　　　则自然山水只不过一纸空文；
　　　如果没有美丽女性与人相伴，
　　　则风花雪月只不过形同虚设。

点评　袁翔甫补评曰：世间之辜负此山水花月者，正不知几多地方几多时日也。恨之！恨之！

佳人才子　难留人间

　　才子而美姿容，佳人而工著作，断不能永年者，匪独为造物之所忌。盖此种原不独为一时之宝，乃古今万世之宝，故不欲久留人世取亵耳。

今译　才子而容貌美丽，美女而知书善文，
　　　断然不能长命，这并不只是被造物主所忌的缘故。
　　　因为这类人原本就不仅是一时的珍宝，

而是千秋万世的至珍之宝，

所以造物主不想让他们久留于人间，

以免玷污他们那冰玉般的质性。

点评　郑破水曰：千古伤心，同声一哭。

砚欲其佳　妾欲其美

闲人之砚固欲其佳，而忙人之砚尤不可不佳；娱情之妾固欲其美，而广嗣之妾亦不可不美[1]。

今译　悠闲自得者的砚台固然要精美，

而忙忙碌碌者的砚台更要精美；

用来娱情适性的妾固然要美丽，

用来繁殖后代的妾同样要美丽。

注释　[1] 广嗣：多生子嗣。

点评　江含徵曰：砚美下墨可也，妾美招妒奈何？

张竹坡曰：妒在妾不在美。

才子相惜 美人相妒

才子遇才子，每有怜才之心；美人遇美人，必无惜美之意。我愿来世托生为绝代佳人，一反其局而后快。

今译 才子遇见才子，常有相互欣赏之心；

美人遇见美人，绝无相互爱慕之意。

我愿来生来世托生为绝代佳人，

一改美人相嫉的情形而后快。

点评 陈鹤山曰：谚云："鲍老当筵笑郭郎，笑他舞袖太郎当。

若教鲍老当筵舞，转更郎当舞袖长。"则为之奈何？

郑蕃修曰：俟心斋来世为佳人时再议。

余湘客曰：古亦有我见犹怜者。

倪永清曰：再来时不可忘却。

举行盛大法会 祭祀才子佳人

予尝欲建一无遮大会[1]，一祭历代才子，一祭历代佳人。俟遇有真正高僧，即当为之。

今译　我想开设一场无遮大会，
　　　一方面为祭奠历代才子，一方面为祭祀历代佳人。
　　　等到遇上了真正的高僧，就要立即请他着手进行。

注释　[1] 无遮大会：佛教举行的一种以布施为中心的法会，
　　　叫无遮大会，每五年举行一次，不分贤圣道俗贵贱
　　　上下，平等进行财施和法施。无遮，宽容而无遮现
　　　之意。

点评　顾天石曰：君若果有此盛举，请迟至二三十年之后，则
　　　我亦可以拜领盛情也。
　　　释中洲曰：我是真正高僧，请即为之，何如？不然，则
　　　此二种沉魂滞魄，何日而得解脱耶？
　　　江含徵曰：折柬虽具而未有定期，则才子佳人亦复怨声
　　　载道。○又曰：我恐非才子而冒为才子，非佳人而冒
　　　为佳人，虽有十万八千母陀罗臂，亦不能具香厨法膳
　　　也，心斋以为然否？
　　　释远峰曰：中洲和尚不得夺我施主。

🍂　圣人贤者　天地替身

圣贤者，天地之替身。

今译　圣人与贤人，是天地的化身。

点评　石天外曰：此语大有功名教，敢不伏地拜倒。
　　　　张竹坡曰：圣贤者，乾坤之帮手。

虚拟世界品性洁　现实世界品性污

掷升官图[1]，所重在德，所忌在赃。何一登仕版，辄与之相反耶？

今译　在虚拟的世界里，玩升官图游戏时，
　　　　大家看重的是德，大家忌讳的是赃。
　　　　为何一旦做了官，就像变了一个人？

注释　[1]掷升官图：旧时流行的一种赌博游戏。在纸上画出
　　　　大小官位，然后掷骰子，以其点数和彩色决定升
　　　　降。一点为"赃"，二、三、五为"功"，四为
　　　　"德"，六为"才"，掷出四就升迁，掷出一就要
　　　　受罚。

点评　江含徵曰：所重在德，不过是要赢几文钱耳。

动物植物　皆有三教

　　动物中有三教焉：蛟龙麟凤之属，近于儒者也；猿狐鹤鹿之属，近于仙者也；狮子牯牛之属，近于释者也。植物中有三教焉：竹梧兰蕙之属，近于儒者也；蟠桃老桂之属，近于仙者也；莲花薝葡之属，近于释者也。

今译　动物中有三教——

　　蛟龙麟凤之类，积极进取，近于儒家；

　　猿狐鹤鹿之类，逍遥自适，近于道者；

　　狮子牯牛之类，勇猛奉献，近于佛徒。

　　植物中也有三教——

　　竹梧兰蕙之类，洁身自好，近于儒家；

　　蟠桃老桂之类，长生不老，近于仙道；

　　莲花薝葡之类，洁净芬芳，近于佛徒。

点评　顾天石曰：请高唱《西厢》，一句一个，通彻三教九流。

　　石天外曰：众人碌碌，动物中蜉蝣而已；世人峥嵘，植物中荆棘而已。

日月须弥山　人首与两目

佛氏云："日月在须弥山腰。"[1] 果尔则日月必是绕山横行而后可。苟有升有降，必为山巅所碍矣。又云："地上有阿耨达池，其水四出，流入诸印度。"[2] 又云："地轮之下为水轮，水轮之下为风轮，风轮之下为空轮。"[3] 余谓此皆喻言人身也：须弥山喻人首，日月喻两目，池水四出喻血脉流通，地轮喻此身，水为便溺，风为泄气。此下则无物矣。

今译　佛家说："日月在须弥山腰。"

果真这样，那么日月一定横着绕山穿行才行。

假如有升有降，一定会被山顶所阻挡。

佛家又说："地上有阿耨达池，池水到处泛溢，流入印度各个地区。"又说："地轮的下面是水轮，水轮的下面是风轮，风轮的下面是空轮。"

人体小宇宙，我认为这些话都是譬喻人的身体：

日月比喻两只眼睛，池水到处泛溢比喻血脉流通，地轮喻人的肉身，水喻大小便，风轮喻呼吸之气。

空轮则是什么也没有的了。

注释　[1] 须弥山：原为印度神话中之山名，佛教之宇宙观沿用之，谓其为耸立于一小世界中央之高山，以此山为中心而形成须弥世界。

[2] 阿耨达池：湖名。梵语，为清凉无热恼之意。在今
　　西藏西南部普兰县境，为我国最高淡水湖之一。

[3] 地轮、水轮、风轮：佛教主张，每一世界最下层是
　　一层气，称为风轮；风轮之上是一层水，称为水
　　轮。水轮之上为一层金，或谓硬石，称为金轮，金
　　轮之上即为山、海洋、大洲等所构成之大地，而须
　　弥山即位于此世界之中央。

点评　释远峰曰：却被此公道破。

毕右万曰：乾坤交后，有三股大气：一呼吸，二盘旋，
三升降。呼吸之气，在八卦为震巽，在天地为风雷为
海潮，在人身为鼻息；盘旋之气在八卦为坎离，在天
地为日月，在人身为两目，为指尖、发顶、罗纹，在
草木为树节、蕉心；升降之气，在八卦为艮兑；在天
地为山泽，在人身为髓液便溺，为头颅肚腹，在草木
为花叶之萌凋，为树梢之向天树根之入地，知此而寓
言之出于二氏者，皆可类推而悟。

佳句偶得　惜无佳对

予尝偶得句，亦殊可喜，惜无佳对，遂未成诗。
其一为"枯叶带虫飞"，其一为"乡月大于城"。姑存
之以俟异日。

今译 我曾经偶然得到一句诗，十分高兴，

可惜没有好的下联，就没有足成一篇。

其一是"枯叶带虫飞"，其一是"乡月大于城"。

姑且把它记录下来，有朝一日也许能对上下联。

点评 袁翔甫补评曰：单词只句，亦足以传，何必足成耶。如
"满城风雨近重阳"之类是也。

言生禅人曰：唐方干《旅次洋州寓居郝氏林亭》："鹤盘
远势投孤屿，蝉曳残声过别枝。"明王阳明《题蔽月山
房》："山近月远觉月小，便道此山大于月。"先得之
矣。吾固知心斋之诗，童心未泯；心斋之论，童稚犹
存矣。

琴心棋道有天机　泛舟赏美有妙境

"空山无人，水流花开"二句[1]，极琴心之妙境；
"胜固欣然，败亦可喜"二句[2]，极手谈之妙境；"帆
随湘转，望衡九面"二句[3]，极泛舟之妙境。"胡然
而天，胡然而帝"二句[4]，极美人之妙境。

今译 "空山无人，水流花开"两句，

把抚琴的境界描摹得淋漓尽致；

"胜固欣然，败亦可喜"两句，

把围棋的境界抒写得入木三分；
"帆随湘转，望衡九面"两句，
把泛舟的情形刻画得惟妙惟肖；
"胡然而天，胡然而帝"两句，
把惊艳的心理形容得栩栩如生。

注释　[1] 空山无人，水流花开：语出唐司空图《廿四诗品》。

[2] "胜固"二句：语出宋苏轼《观棋》。

[3] "帆随"二句：《水经注》："衡山东南二面，临映湘川。自长沙至此，江湘七百里中，有九向九背。故渔歌曰帆随湘转，望衡九面。"

[4] "胡然"二句：《诗经·鄘风·君子偕老》："胡然而天也，胡然而帝也。"意为："（美人）为什么像上天那样崇高，像上帝那样尊贵？"

点评　袁翔甫补评曰：此等妙境，岂钝根人领略得来。

　　🎵　镜水日灯　皆有幻影

　　镜与水之影，所受者也；日与灯之影，所施者也；月之有影，则在天者为受而在地者为施也。

　　今译　镜与水的影子，属于被动反映；

日与灯的影子，则属于主动施与。
月亮的影子则比较特别：
在天上的是接受太阳的照射所致，
在地上的月影则是月亮投射到地面形成。

点评　郑破水曰：受施二字，深得阴阳之理。

　　　　水声　风声　雨声

　　水之为声有四：有瀑布声，有流泉声，有滩声，有沟浍声；风之为声有三：有松涛声，有秋草声，有波浪声；雨之为声有二：有梧蕉荷叶上声，有承檐溜筒中声。

今译　水的声音有四种很美妙：
瀑布的飞泻声，流泉的淙淙声，
滩流的嘈嘈声，沟渠的哗哗声；
风的声音有三种很悦耳：
有松涛澎湃声，有秋草飒飒声，有波浪汹涌声；
雨的声音有两种很动听：
有桐叶蕉叶上的淅沥声，
有屋檐竹筒里的嘀哒声。

点评　　弟木山曰：数声之中，惟水声最为可厌，以其无已时，
　　　　其聒人耳也。

　　文人嫌富人　诗文尚锦绣

　　文人每好鄙薄富人，然于诗文之佳者，又往往以
金玉珠玑锦绣誉之，则又何也？

今译　　文人往往瞧不起富人，但对于写得好的诗文，
　　　　又常常用美如金玉、珠玑锦绣来赞美，
　　　　这是什么原因？

点评　　陈鹤山曰：犹之富贵家张山臞野老落木荒村之画耳。
　　　　江含微曰：富人嫌其悭且俗耳，非嫌其珠玉文绣也。
　　　　张竹坡曰：不文虽穷可鄙，能文虽富可敬。
　　　　陆云士曰：竹坡之言，是真公道说话。
　　　　李若金曰：富人之可鄙者，在吝，或不好书史，或异交
　　　　　　游，或趋炎热而轻忽寒士。若非然者，则富翁大有裨
　　　　　　益人处，何可少之。

闲世人所忙　忙世人所闲

能闲世人之所忙者，方能忙世人之所闲。

今译　只有舍弃奔走钻营世人所追求的东西，
才能充分享世人所没有时间欣赏的情趣。

点评　袁翔甫补评曰：闲里着忙是懵懂汉，忙里偷闲出短
命相。

论事不谬于圣贤　观书不徒为章句

先读经，后读史，则论事不谬于圣贤；既读史，
复读经，则观书不徒为章句。

今译　先读经书，再读史籍，
评论历史事件就不会违背圣贤的准则；
既读史籍，再读经书，
阅读书籍就不仅是为了学习文法词句。

点评　黄交三曰：宋儒语录中不可多得之句。
陆云士曰：先儒著读书法，累牍连章，不若心斋数言

道尽。

居住城市中　自有安心法

居城市中，当以画幅当山水，以盆景当苑囿，以书籍当友朋。

今译　在城市中居住：应当把画幅当作山水欣赏，把盆景当作苑囿游览，把书籍当作朋友晤对。

点评　周星远曰：究是心斋，偏重独乐乐。

择邻须谨慎　得良朋始佳

邻居须得良朋始佳。若田夫樵子，仅能办五谷而测晴雨，久且数，未免生厌矣。而友之中，又当以能诗为第一，能谈次之，能画次之，能歌又次之，解觞政者又次之。

今译　邻居应当是好朋友才为佳。如果是种田汉子砍柴人，仅仅能辨别五谷预测天气的阴晴，时间一长，不免生厌。而作邻居的朋友之中，又当以能作诗的为第一，其次是能谈论的朋友，再次是能绘画的朋友，又次是能唱歌的朋友，最后是会饮酒的朋友。

点评　江含徵曰：说鬼话者又次之。

殷日戒曰：奔走于富贵之门者，自应以善说鬼话为第一，而诸客次之。

倪永清曰：能诗者必能说鬼话。

陆云士曰：三说递进，愈转愈妙，滑稽之雄。

花中有高士　鸟中有君子

　　玉兰，花中之伯夷也。葵，花中之伊尹也。莲，花中柳下惠也。鹤，鸟中之伯夷也。鸡，鸟中之伊尹也。莺，鸟中之柳下惠也。

今译　玉兰高傲娟洁，是花中的高士伯夷；

葵花倾心向日，是花中的贤相伊尹；

莲花出泥不染，是花中君子柳下惠；

白鹤飘飘欲仙，是鸟中的高士伯夷；

公鸡勤勉报晓，是鸟中的贤相伊尹；

黄莺交交求友，是鸟中君子柳下惠。

点评　　袁翔甫补评曰：蝉，虫中之伯夷也；蜂，虫中之伊尹也；蜻蜓，虫中之柳下惠也。

　　🐚　或蒙不白冤　或逃公正议

无其罪而虚受恶名者，蠹鱼也[1]；有其罪而恒逃清议者，蜘蛛也[2]。

今译　　没有犯过失而白白背上恶劣名声的，是蠹鱼；
　　　　犯下了罪行而经常逃脱公正评价的，是蜘蛛。

注释　　[1] 蠹鱼：虫名，常蛀蚀衣服书籍。体小，有银白色细鳞，形似鱼，故名。此条原本下有注云："蛀书之虫，另是一种，其形如蚕蛹而差小。"
　　　　[2] 蜘蛛：这里指毒蜘蛛之类。

点评　　张竹坡曰：自是老吏断狱。
　　　　李若金曰：予尝有除蛛网说，则讨之未尝无人。

白不能掩黑　香不能敌臭

　　黑与白交，黑能污白，白不能掩黑；香与臭混，臭能胜香，香不能敌臭。此君子小人相攻之大势也。

今译　　黑色与白色到一起，黑色能够污染白色，
　　　　　　白色不能胜过黑色；香味与臭味相混合，
　　　　　　臭味能够败坏香气，香气不能抵挡臭味。
　　　　　　这就是高洁君子与肮脏小人对阵的情势。

点评　　弟木山曰：人必喜白而恶黑，黜臭而取香，此又君子必
　　　　　　胜小人之理也。理在，又乌论乎势。
　　　　　　石天外曰：余尝言于黑处着一些白，人必惊心骇目，皆
　　　　　　知黑处有白；于白处着一些黑，人亦必惊心骇目，以
　　　　　　为白处有黑。甚矣，君子之易于形短，小人之易于见
　　　　　　长，此不虞之誉、求全之毁所由来也，读此慨然。
　　　　　　倪永清曰：当今以臭攻臭者不少。

耻堪治君子　痛可治小人

　　耻之一字，所以治君子；痛之一字，所以治小人。

今译　　耻这个词，可以用来约束有操守、严于自律的君子；
　　　　痛这个词，可以用来束缚无德行、放任自流的小人。

点评　　张竹坡曰：若使君子以耻治小人，则有耻且格；小人以
　　　　痛报君子，则尽忠报国。

镜不能自照　秤不能自称

镜不能自照，衡不能自权，剑不能自击。

今译　　镜不能照见自己的形状，
　　　　秤不能称出自己的重量，
　　　　剑不能刺击自己的身躯。

点评　　倪永清曰：诗不能自传，文不能自誉。

诗必穷而后工　贵在切身体验

　　古人云："诗必穷而后工。"盖穷则语多感慨，易
于见长耳。若富贵中人，既不可忧贫叹贱，所谈者不
过风云月露而已，诗安得佳？苟思所变，计惟有出游

一法，即以所见之山川风土物产人情，或当疮痍兵燹之余[1]，或值旱涝灾祲之后[2]，无一不可寓之诗中，借他人之穷愁，以供我之咏叹，则诗亦不必待穷而后工也。

今译　古人说："诗必穷而后工。"

诗人贫困潦倒，诗文殊多感慨，所以容易成为好诗。

如果是身处富贵，既不可忧虑贫穷感叹卑贱，

所谈的又不过是风云月露的消闲物体，

写出来的诗又怎么能好？

如果想改变这种情况，只有出外游览一种方法：

将所见的山川风土物产人情，或当战争的创伤之余，

或值旱涝等灾害之后，没有一件东西不能写入诗中。

将他人的贫穷忧愁，当作诗歌的感叹内容，

这样一来，诗人就不必等到自身穷困潦倒，

也照样能写出感人肺腑的好诗了。

注释　[1] 兵燹（xiǎn）：因战乱而造成的焚烧破坏等灾害。

[2] 灾祲（jìn）：灾异。

点评　张竹坡曰：所以郑监门《流民图》独步千古。

倪永清曰：得意之游，不暇作诗；失意之游，不能作诗。苟能以无意游之，则眼光识力定是不同。

尤悔庵曰：世之穷者多而工诗者少，诗亦不任受过也。

幽梦影跋一

　　昔人云："梅花之影，妙于梅花。"窃意影子何能妙于花？惟花妙，则影亦妙。枝干扶疏，自尔天然生动。凡一切文字语言，总是才子影子。人妙，则影自妙。此册一行一句，非名言即韵语，皆从胸次体验而出，故能发警省。片玉碎金，俱可宝贵。幽人梦境，读者勿作影响观可矣。

　　　　　　　　　　　　　　　　南村张惣识

幽梦影跋二

　　抱异疾者多奇梦，梦所未到之境，梦所未见之事，以心为君主之官，邪干之，故如此，此则病也，非梦也。至若梦木撑天，梦河无水，则休咎应之；梦牛尾梦蕉鹿，则得失应之。此则梦也，非病也。心斋之《幽梦影》，非病也，非梦也，影也。影者维何？石火之一敲，电光之一瞥也。东坡所谓一掉头时生老病，一弹指顷去来今也。昔人云芥子具须弥，而心斋则于倏忽备古今也。此因其心闲手闲，故弄墨如此之闲适也。心斋盖长于勘梦者也，然而未可向痴人说也。

　　　　　　　　　　　　　　寓东淘香雪斋江之兰草

幽梦影跋三

余习闻《幽梦影》一书，着墨不多，措词极隽，每以未获一读为恨事。客秋南沙顾耐圃茂才示以钞本，展玩之余，爱不释手。所惜尚有残阙，不无余憾。今从同里袁翔甫大令处见有刘君式亭所赠原刊之本，一无遗漏，且有同学诸君评语，尤足令人寻绎。间有未评数条，经大令一一补之，功媲娲皇，允称全璧。爰乞重付手民，冀可流传久远。大令欣然曰："诺。"故略志其巅末云。

光绪五年岁次己卯冬十月仁和葛元煦理斋氏识

幽梦影跋四

　　昔人著书，间附评语。若以评语参错书中，则《幽梦影》创格也。清言隽旨，前于后喁，令读者如入真长座中，与诸客周旋，聆其馨欬，不禁色舞眉飞，洵翰墨中奇观也。书名曰"梦"、曰"影"，盖取"六如"之义。饶广长舌，散天女花，心灯意蕊，一印印空，可以悟矣！

　　　　　　　　　　　　　　乙未夏日震泽杨复吉识

幽梦续影

[清] 朱锡绶　著

幽梦续影序

　　吾师镇洋朱先生，名锡绶，字撷筼，盛君大士高足弟子也，著作甚富，屡困名场，后作令湖北，不为上官所知，郁郁以殁，祖荫髫龀之年，奉手受教，每当岸帻奋麈，陈说古今，亹亹发蒙，使人不倦。自咸丰甲寅，先生作吏南行，遂成契阔。先生诗集已刊版，毁于火，他著述亦不存，仅从亲知传写，得此一编，大率皆阅世观物、涉笔排闷之语。元题曰《幽梦续影》，略如屠赤水、陈糜公所为小品诸书，虽绮语小言，而时多名理。祖荫不忍使先生语言文字无一二存于世间，辄为镂版，以贻胜流。屋乌储胥，聊存遗爱。然流传止此，益用感伤。昔宋明儒门弟子，刊行其师语录，虽琐言鄙语，皆为搜存，不加芟饰。此编之刊，犹斯志也。

光绪戊寅四月门人潘祖荫记

嗜茶者神清　嗜菜根志远

真嗜酒者气雄，真嗜茶者神清，真嗜笋者骨臞，真嗜菜根者志远[1]。

今译　真正喜欢饮酒的人意气沉雄；

真正爱好品茶的人心境澄澈；

真正喜欢食笋的人骨相清奇；

真正甘于嚼菜根的人志向高远。

注释　[1]菜根：野菜之类。真正爱好吃菜根的人志向高远，即淡泊明志之意。明人徐渭有联云："嚼得菜根则百事可做。"明洪应明有《菜根谭》。

点评　粟隐师云：余拟赠啸筠楹帖曰："神清半为编茶录，志远真能嗜菜根。"

鹤令人逸　松令人古

鹤令人逸，马令人俊，兰令人幽，松令人古。

今译　鹤令人潇洒飘逸，马令人奔放豪迈，兰令人娴静清幽，松令人落落高古。

点评　　华山词客云：蛩令人愁，鱼令人闲，梅令人瞿，竹令
　　　　　人峭。

善做买卖无商人气　善写文章无迂腐气

善贾无市井气，善文无迂腐气。

今译　　擅长做生意的人，没有商人气；
　　　　　擅长写文章的人，没有迂腐气。

点评　　张石顽云：善兵无豪迈气。

学导引是地狱　得科第是善果

学导引是眼前地狱，得科第是当世轮回。

今译　　学习导引妄求长生，是当下所得的恶报；
　　　　　高中科第显亲扬名，无异于经历了生死。

点评　陆眉生云：昵倡优是眼下恶道。

造化愚弄人　善于杀风景

　　造化，善杀风景者也，其尤甚者，使高僧迎显宦，使循吏困下僚[1]，使绝世之姝习弦索[2]，使不羁之士累米盐。

今译　造物主啊，你为什么如此大杀风景——
你使德高望重的僧人迎接显要的官员；
你使遵纪守法的官吏长期得不到升迁；
你使绝色佳人流落风尘学习吹拉弹奏；
你使倜傥不羁的奇士受困于柴米油盐！

注释　[1] 下僚：职位低微的官吏。晋左思《咏史》："世胄蹑高位，英俊沉下僚。地势使之然，由来非一朝。"
　　　　[2] 习弦索：弹琴、弹琵琶。指当艺妓。

点评　补桐生云：和尚四大皆空，虽迎显宦，无有显宦。

一日静坐梦魂清　一月静坐文思逸

日间多静坐，则夜梦不惊；一月多静坐，则文思便逸。

今译　如果一天之内多多静坐，则心如明镜，扫尽痴迷，
晚上睡觉，就不会再受梦魇滋扰；
如果一月之内多多静坐，则虚怀若谷，吞吐万象，
写作文章，定当文思如泉涌不断。

点评　黄鹤笙云：甘苦自得。

虹销雨霁气象远　风回海立声势壮

观虹销雨霁时，是何等气象；观风回海立时，是何等声势！

今译　长虹散去骤雨初收时，天色如寒冰洁玉晴朗，
气象是多么光明磊落；疾风震怒回旋鼓荡时，
海水似万仞银山耸立，声势是何其磅礴慑人！

点评　陆又珊云：我师意殆谓改过宜勇，迁善宜速。

莫炫宝　莫炫文　莫炫识

贪人之前莫炫宝，才人之前莫炫文，险人之前莫炫识。

今译　在贪婪卑污的人面前，切勿炫耀珍宝；
在略具才情的人面前，切勿炫耀文彩；
在阴险奸诈的人面前，切勿炫耀见识。

点评　悼秋云：妒妇之前莫炫色。
忏绮生云：妄人之前莫炫才。

文人不须富贵　富人不必学诗

文人富贵，起居便带市井；富贵能诗，吐属便带寒酸。

今译　文人一朝富贵，言行举止，
都会散发出富人的铜臭气；

富人如果写诗，遣词造句，
都会浸染上文人的寒酸气。

点评　华山词客云：不顾俗眼惊。
王寅叔云：黄白是市井家物，风月是寒酸家物。

花是美人后身　兰为绝代美人

花是美人后身。梅，贞女也；梨，才女也；菊，才女之喜文章者也；水仙，善诗词者也；荼蘼，善谈禅者也[1]；牡丹，大家中妇也[2]；芍药，名士之妇也；莲，名士之女也；海棠，妖姬也[3]；秋海棠，制于悍妇之艳妾也；茉莉，解事雏鬟也；木芙蓉，中年诗婢也。惟兰为绝代美人，生长名阀，耽于词画，寄心清旷，结想琴筑，然而闺中待字，不无迟暮之感。优此则绌彼，理有固然，无足怪者。

今译　花是美人的象征。
梅花，是贞洁的女性；梨花，是颇具才情的女性；菊花，是才女中喜爱文章的；水仙，是才女中善写诗词的；荼蘼，是才女中善于谈禅的。牡丹花，是大户人家的主妇；芍药，是名士的妻子；莲花，是名士的女儿；海棠，是妖艳的女子；秋海棠，是受

到凶狠主妇欺凌的美丽的妾；茉莉，是初解风情的
少女；木芙蓉，是会写诗的中年婢女。

众花之中，只有兰为绝代美人，出身名门，迷恋填
词作画，志向清幽高远，能在音乐中表达她的感情。
但是她却得在闺房中等待着别人前来骋娶，不无韶
华老去的感触。

在一方面优越了，在另一方面就有所欠缺，这也是
没办法的事，不值得奇怪啊。

注释　[1] "荼蘼"二句：宋苏轼《杜沂游武昌以荼蘼花菩萨
　　　　　泉见饷》诗："荼蘼不争春，寂寞开最晚。"有此
　　　　　品性，故善谈禅也。

　　　[2] 中妇：次男之妇。也可指妻子。此取后意。

　　　[3] 海棠妖姬：宋苏轼《和述古冬时牡丹》四首其一：
　　　　　"一朵妖红翠欲流，春光回照雪霜羞。"

点评　眉影词人云：桂，富贵家才女也；剪秋罗，名士之婢
　　　　妾也。

　　　省缘师云：普愿天下勿栽秋海棠。

食澹饭　涸市嚣　受折磨

能食澹饭者，方许尝异味；能涸市嚣者，方许游

名山；能受折磨者，方许处功名。

今译　忍得下粗茶淡饭的清苦，才能充分品尝奇珍美味；
耐得住闹市喧嚣的繁杂，才能尽情游历名山大川；
经得起大苦大难的磨练，才能真正建立奇功伟业。

点评　郑盦云：然则夫子何以不豫色然。

　　　　　真空可谈禅　真旷可饮酒

非真空不宜谈禅，非真旷不宜饮酒。

今译　没有绝对的空明心境，不适宜谈禅；
没有实在的旷达襟怀，不适宜饮酒。

点评　莲衣云：居士奈何自信真空。
香祖主人云：始知吾辈大半假托空旷。

　　　　　作画哦诗　善得天趣

雨窗作画，笔端便染烟云；雪夜哦诗，纸上如洒冰霰。是谓善得天趣。

今译　在风雨飘摇的窗下作画，笔端缭绕着变幻的烟云；
在大雪纷飞的夜晚写诗，纸上洒满了晶莹的雪粒，
可谓是善于捕捉天然情趣。

点评　诗钵云：君师盛兰雪先生云："冰雪窖中人对语，更于
何处着尘埃。"冷况仿佛。

愁中有乐　破涕为笑

凶年闻爆竹，愁眼见灯花，客途得家书，病后友
人邀听弹琴，俱可破涕为笑。

今译　荒年里听到喜庆的鞭炮，愁苦中见到报喜的灯花，
旅途上收到温暖的家信，病愈后友人邀请听弹琴，
这些都是破涕为笑的快乐事。

点评　沈石生云：客中病后，凶年愁眼，奈何。

细心观察知品位　不必等到与交谈

观门径可以知品，观轩馆可以知学，观位置可以知经济[1]，观花卉可以知旨趣[2]，观楹帖可以知吐属[3]，观图书可以知胸次，观童仆可以知器宇[4]，访友不待亲接言笑也。

今译　观看门前的小路可以了解其品位；

观看长廊与馆室可以了解其学问；

观看庭院的布局可以了解其才能；

观看花卉的调理可以了解其意趣；

观看对联的文词可以了解其谈吐；

观看图书的品类可以了解其胸襟；

观看家童与仆人可以了解其度量。

如此便可了解这个人，

不必等到与他本人接触谈笑。

注释　[1] 经济：治国的才干。

[2] 旨趣：宗旨，意义。

[3] 吐属：言论，文章。

[4] 器宇：度量，胸怀。

点评　香祖主人云：此君随地用心，吾甚畏之。

三　恨

余亦有三恨：一恨山僧多俗，二恨盛暑多蝇，三恨时文多套。

今译　心斋有十恨，我也有三种：

一恨方外僧人沾染上俗气；

二恨炎炎的酷暑蚊蝇成阵；

三恨流行的文体陈陈相因。

点评　赵享帚云：第三恨务请释之。

庭中花扭转乾坤　室中花附益造化

蝶使之俊，蜂使之雅，露使之艳，月使之温：庭中花，斡旋造化者也。使名士增情，使美人增态，使香炉茗碗增奇光，使图画书籍增活色：室中花，附益造化者也。

今译　蝴蝶使她俊逸，蜜蜂使她风雅，

露水使她艳丽，月色使她温馨：

这就是能协调造化的庭中之花。

使名士增感情，使美人添妩媚，
使炉碗增奇光，使书画增生趣：
这就是能增益造化的室中之花。

点评 星农云：啸筠之画庭中花，啸筠之诗室中花。

🌀 风雨惜花　患难爱才

无风雨不知花之可惜，故风雨者，真惜花者也；
无患难不知才之可爱，故患难者，真爱才者也。风雨
不能因惜花而止，患难不能因爱才而止。

今译 如果没有风雨摧残落花，就不会去珍惜花的生命，
所以风雨是真正的爱花；如果没有患难检验才华，
就不会去珍惜才的价值，所以患难是真正的爱才。
风雨不会因为惜花而停，患难不会因为惜才而止。

点评 仙洲云：晴日则花之发泄太甚，富贵则才之剥削太甚，
故花养于轻阴，才醇于微晦。

学琴平骄矜　学剑化懦怯

琴不可不学，能平才士之骄矜；剑不可不学，能化书生之懦怯。

今译　不能不学习抚琴，因为琴声平和，
　　　　能够使才子的骄矜心志得到收敛；
　　　　不能不学习击剑，因为剑气怒张，
　　　　能够使书生的懦怯性情得到改变。

点评　香轮词客云：中散善琴，去不得骄矜二字。
　　　　毕雄伯云：气静则骄矜自化，何必学琴；气充则懦怯自
　　　　　除，何必学剑。

造化有本怀　世人多失之

美味以大嚼尽之，奇境以粗游了之，深情以浅语传之，良辰以酒食度之，富贵以骄奢处之，俱失造化本怀。

今译　狼吞虎咽地对待美味，走马观花地游览奇境，
　　　　轻描淡写地传达深情，酒肉满肠地度过良辰，

骄傲奢侈地挥霍富贵，都失去了造物的本怀！

点评　张企崖云：黄白以悭吝守之，翻似曲体造化。

　　🌀 居身无两全　处境无两得

　　楼之收远景者，宜游观不宜居住；室之无重门者，便启闭不便储藏。庭广则爽，冬累于风；树密则幽，夏累于蝉。水近可以涤暑，蚊集中宵；屋小可以御寒，客窘炎午。君子观居身无两全，知处境无两得。

今译　将远景收摄无余的楼阁，只适宜游玩不适宜居住；
　　　　没有一重重门户的房间，只方便开关不适宜储物。
　　　　庭院宽广固然开朗清爽，冬天却往往被寒风侵袭；
　　　　树枝茂密固然幽雅安静，夏天却常常被蝉声烦扰。
　　　　靠近水边可以减缓暑气，半夜里蚊子却非常之多；
　　　　屋子狭小可以抵御寒冷，夏天来客时却闷热不堪。
　　　　君子深知居身不能两全，也不会对处境求全责备。

点评　少郭云：诚如君言，天下何者为安宅。

忧勿纵酒　怒勿作札

忧时勿纵酒，怒时勿作札。

今译　忧伤时不要纵情饮酒，须知以酒浇愁愁更愁；
恼怒时不要纵笔写信，须知恶语伤人恨不消。

点评　粟隐师云：非杜康何以解忧。

繁忙耗神　悠闲养心

不静坐，不知忙之耗神者速；不泛应，不知闲之养神者真。

今译　不享受静坐的乐趣，
怎知道忙忙碌碌是徒然地耗费生命；
不经历应酬的无聊，
难理解修身养性是美妙的返璞归真。

点评　钱云在曰：不阅历，不知《幽梦续影》之说理者精。

才情不同　所学应异

笔苍者学为古，笔隽者学为词，笔丽者学为赋，笔肆者学为文。

今译　用笔苍劲的可以学写古体，
用笔清隽的可以学写词曲，
用笔华丽的可以学写辞赋，
用笔奔放的可以学写散文。

点评　蘘龄云：笔高浑者学为诗。

赏玩古物妙趣　贵在迟速得宜

读古碑宜迟，迟则古藻徐呈；读古画宜速，速则古香顿溢；读古诗宜先迟后速，古韵以抑而后扬；读古文宜先速后迟，古气以扼而愈永。

今译　阅读古碑应当徐徐欣赏，从容不迫，
古雅辞藻就会徐徐呈现；
阅读古画应当快速披阅，一目了然，

古色古香就会即时洋溢；

阅读古诗应当快慢得宜，先迟后速，

古诗之韵先抑后扬，越读越觉得朗朗上口；

阅读古文应当迟速有节，先速后迟，

古文之气，愈挹取，愈加觉甘香不尽。

点评　梅亭云：若得摩诘辋川真本，肯使其古香顿溢乎。

数息可致寿　任气可致夭

物随息生，故数息可以致寿；物随气灭，故任气可以致夭。欲长生只在呼吸求之，欲长乐只在和平来之。

今译　万物随着一呼一息而生存，

细数鼻息可以静心而长寿；

万物随着气的消失而死灭，

意气用事导致气散而夭亡。

调整好呼吸之气即可长生，

调整好平和心境即可长乐。

点评　澹然翁云：信数息而不信导引，何耶。

❦ 雪之妙在能积　云之妙在不留

雪之妙在能积，云之妙在不留，月之妙在有圆有缺。

今译　雪的妙处在于能层叠堆积；

云的妙处在于能随风变幻；

月的妙处在于有阴晴圆缺。

点评　二如云：月妙在缺，天下更无恨事。

香轮云：山之妙在峰回路转，水之妙在风起波生。

❦ 痴情挚性　高韵逸怀

为雪朱栏，为花粉墙，为鸟疏枝，为鱼广池，为素心开三径[1]。

今译　为白雪漆红栏杆，为花儿粉净墙壁，

为百鸟修剪树枝，为游鱼凿广池塘，

为纯挚真诚的心，开辟相约的道路。

注释　[1]"为素心"句：南朝梁江淹《杂体诗·郊陶潜〈田

居〉》："素心正如此，开径望三益。"素心，本心，
素愿。开径，只接待少数高雅人士，决不与官场俗
人来往。溢，语出《论语·季氏》："孔子曰：益者
三友，损者三友。友直，友谅，友多闻，益矣。"
借指良友。

点评　梅华翁云：一二句画理，三四句天机，五句古人风。

借助造化灵气　构筑美妙园亭

　　筑园必因石，筑楼必因树，筑榭必因池，筑室必
因花。

今译　构筑园亭一定要在有石的地方，
　　　　只有在有石的地方才会有灵气；
　　　　建造楼阁一定要在有树的地方，
　　　　只有在有树的地方才会有荫凉；
　　　　搭制台榭一定要在池塘的附近，
　　　　只有在池塘的附近才会有风来；
　　　　布置房屋一定要在花草的旁边，
　　　　只有在花草的旁边才会有蝶访。

点评　春山云：园亭之妙，一字尽之曰借，即因之类耳。

江山此处多娇　风景这边独好

　　梅绕平台，竹藏幽院，柳护朱楼，海棠依阁，木
犀匝庭，牡丹对书斋，藤花蔽绣闼，绣球傍亭，绯桃
照池，香草漫山，梧桐覆井，酴醾隐竹屏，秋色倚栏
干，百合仰拳石，秋萝亚曲阶，芭蕉障文窗，蔷薇窥
疏帘，合欢俯锦帏，栘花媚纱槅[1]。

　　　今译　　虬曲的梅枝萦绕着平远的石台，
　　　　　　　　修长的竹子掩映着幽深的屋宇，
　　　　　　　　青青的杨柳呵护着红色的楼房，
　　　　　　　　娇艳的海棠依偎着玲珑的台阁，
　　　　　　　　芳菲的木犀围拢着回环的庭院，
　　　　　　　　富丽的牡丹凝视着宁谧的书斋，
　　　　　　　　茂密的藤萝遮挡着寂静的绣闱，
　　　　　　　　炽烈的绣球倚傍着清雅的凉亭，
　　　　　　　　绯红的桃花映照着湛蓝的池水，
　　　　　　　　馥郁的香草爬满了青黛的山丘，
　　　　　　　　高大的梧桐覆盖着露天的水井，
　　　　　　　　繁盛的酴醾隐映着竹制的屏风，
　　　　　　　　烂漫的秋色洒满了曲折的栏杆，
　　　　　　　　洁白的百合仰视着拳曲的石头，
　　　　　　　　深红的秋萝低垂在曲折的台阶，
　　　　　　　　肥厚的蕉叶障覆着雕花的窗户，

娇艳的蔷薇窥探着薄薄的帘幕，

羞红的合欢窥临着锦绣的床帏，

婀娜的河柳点缀着美丽的窗格。

注释　[1] 柽（chēng）：怪柳。

点评　鄂生云：红杏出墙、黄菊缀篱、紫藤掩桥、素兰藏室、翠竹碍户。

快意之事　倍增灵感

花底填词，香边制曲，醉后作草，狂来放歌，是谓遣笔四称。

今译　倚着鲜花填写词调，偎着美人谱写歌曲，

乘着醉意挥洒草书，乘着豪兴放声高歌，

这些都能激发灵感，是创作的四大快事。

点评　师白云：月下舞剑，亦一绝也。

怡云云：绝塞谈兵，空江泛月，亦觉雄旷。

谈禅空天怀　谈玄贞内养

谈禅不是好佛，只以空我天怀；谈玄不是羡老，只以贞我内养。

今译　谈禅不是由于喜好佛理，只不过是使我心胸开阔，使一粒灰尘也沾染不上；谈玄不是由于羡慕老庄，只不过是使我修养加深，使任何妄念都不能侵入。

点评　稚兰云：谈诗不是慕李杜，只以写我性情。

路奇入不宜深　山奇入不宜浅

路之奇者，入不宜深，深则来踪易失；山之奇者，入不宜浅，浅则异境不呈。

今译　道路曲折的地方不宜进入过深，进入过深找不到来时的道路；山水奇异的所在不宜进入过浅，进入过浅看不到奇异的境界。

点评　警甫云：知此方可陟历。

多动易折损　静里可全真

　　木以动折，金以动缺，火以动焚，水以动溺，惟土宜动，然而思虑伤脾，燔炙生冷皆伤胃[1]，则动中仍须静耳。

今译　阴阳五行之中，木因动而断裂，
　　　　金因动而残缺，火因动而焚烧，
　　　　水因动而淹没，唯有土适宜动。
　　　　但思虑过多会伤脾，食物生冷会伤害胃，
　　　　由此可见即使是动，仍需要有静的工夫。

注释　[1] 燔（fán）炙：烧与烤。泛指烹煮。

点评　粟隐云：藏府精微，隔垣洞见。

习静觉日长　逐忙觉日短

　　习静觉日长，逐忙觉日短，读书觉日可惜。

今译　习养静心觉得日子悠长，

忙于事务觉得时光飞驶，

读书治学觉得寸阴尺璧。

点评　桐生云：客途日长，欢场日短，侍亲日可惜。

少年须磨难　中年须充实

少年处不得顺境，老年处不得逆境，中年处不得闲境。

今译　少年时不宜置身顺畅的境界，

老年时不宜置身挫折的境界，

中年时不宜置身悠闲的境界。

点评　涧雨云：中年闲境，最是无聊。

素食气不浊　独宿神不浊

素食则气不浊，独宿则神不浊，默坐则心不浊，读书则口不浊。

今译 　持斋吃素则气质清纯，独自睡眠则神情专一，
　　　　默然静坐则心性明澈，时时读书则口齿生香。

点评 　华潭云：焚香则魂不浊，说士则齿不浊。

自然清景　皆可放歌

　　空山瀑走，绝壑松鸣，是有琴意；危楼雁度，孤
艇风来，是有笛意；幽涧花落，疏林鸟坠，是有筑意；
画帘波漾，平台月横，是有箫意；清溪絮扑，丛竹雪
洒，是有筝意；芭蕉雨粗，莲花漏续，是有鼓意；碧
瓯茶沸，绿沼鱼行，是有阮意；玉虫妥烛，金莺坐枝，
是有歌意。

今译 　空寂的山中飞瀑轰鸣，险峻的沟壑松涛澎湃，
　　　　能引发人抚琴的意趣；高耸的楼上大雁飞过，
　　　　孤寂的小艇清风徐来，能引发人弄笛的情怀；
　　　　清幽的山涧花飞花谢，稀疏的树林鸟随叶坠，
　　　　能引发人击筑的冲动；美丽的帘前碧波荡漾，
　　　　空旷的平台月色高悬，能引发人吹箫的心绪；
　　　　清澈的溪水飞絮濛濛，茂密的竹林雪霰洒落，
　　　　能引发人拨筝的念头；肥大的蕉叶雨点倾落，
　　　　莲花形漏斗添水计时，能引发人擂鼓的渴望；

翡翠的壶里茶水滚沸，碧渌的池沼游鱼自得，
能引发人弹阮的雅兴；高烧的红烛灯花爆落，
圆啭的黄莺枝头鸣唱，能引发人放歌的心情。

点评　卧梅子云：阮字疑琵琶之误。

　　　　雪蕉云：海棠倚风，粉篁洒雨，是有舞意。

✿ 琴医心　剑医胆

琴医心，花医肝，香医脾，石医肾，泉医肺，剑医胆。

今译　琴可以调整心，花可以料理肝，

　　　　香可以促进脾，针可以治疗肾，

　　　　泉可以清润肺，剑可以培养胆。

点评　蝶隐云：琴味甘平，花辛温，香辛平而燥，石苦寒，泉
　　　　甘平微寒，剑辛烈有小毒。

✿ 对酒须放歌　登高应能赋

对酒不能歌[1]，盲于口；登高不能赋[2]，盲于

笔；古碑不能模，盲于手；名山水不能游，盲于足；
奇才不能交，盲于胸；庸众不能容，盲于腹；危词不
能受，盲于耳；心香不能嗅[3]，盲于鼻。

今译 对酒不能放歌，是嘴巴的愚钝；

登高不能赋诗，是才能的愚钝；

古碑不能临摹，是书法的愚钝；

山水不能游览，是四肢的愚钝；

奇才不能交往，是心胸的愚钝；

俗人不能容忍，是度量的愚钝；

警告不能听取，是耳朵的愚钝；

心香不能感受，是鼻子的愚钝。

注释 [1] 对酒放歌：三国魏曹操《短歌行》："对酒当歌，人
生几何！"

[2] 登高能赋：登高望广，能赋诗抒怀。古代指士大夫
必须具备的九种才能之一。

[3] 心香：佛学语。学佛的人虔心诚意，佛自然会感受
到，等于焚香供佛一样。所以叫作心香。此处指别
人怀有的诚意，如景仰、爱慕等等。嗅，指感受。

点评 伯寅云：由此观之，不盲者鲜矣。

宁静生智慧　繁忙增昏沉

静一分慧一分，忙一分愦一分[1]。

今译　多一份宁静，多一份智慧；
多一份忙碌，多一份昏沉。

注释　[1] 愦（kuì）：昏乱，神志不清。

点评　憩云居士曰：静中参动是大般若，忙里偷闲是三菩提。

无梦亦有梦　无泪亦有泪

至人无梦[1]，下愚亦无梦，然而文王梦熊[2]，郑人梦鹿[3]；圣人无泪，强悍亦无泪，然而孔子泣麟[4]，项王泣骓[5]。

今译　才智最聪明的人没有梦，最愚蠢的人同样没有梦，但是文王却梦见了重臣，郑人梦见了蕉叶与死鹿；品德最高尚的人没有泪，最强悍的人同样没有泪，但是孔子却为麒麟洒涕，项羽为乌骓虞姬而哭泣！

注释　[1] 至人：道德修养达到最高境界的人。

　　　[2] 梦熊：文王打猎前作了一个梦，别人解释说："非虎非罴，而是成就霸业的辅佐。"文王果然在渭水边得到了垂钓的姜尚。见《史记·齐太公世家》。此为圣主得贤臣之预兆。

　　　[3] 郑人梦鹿：有一个在野地打柴的郑国人，遇见一只受惊的鹿，就打死了它。担心别人发现，把它藏了起来，盖上蕉叶，欣喜万分。不久忘了所藏的地方，就以为是做了一个梦。见《列子·周穆王》。后人用此典表示世事梦幻。

　　　[4] 泣麟：孔子因西狩获麟而感叹世衰道穷，涕泪沾衣。

　　　[5] 泣骓：西楚霸王项羽在气数已尽前，有"时不利兮骓不逝"的悲泣。

点评　梅生云：漆园梦蝶，不过中材。

水仙风韵　花中极品

水仙以玛瑙为根，翡翠为叶，白玉为花，琥珀为心，而又以西子为色，以合德为香[1]，以飞燕为态[2]，以宓妃为名[3]，花中无第二品矣。

今译　　水仙花是花中极品——
　　　　用晶莹的玛瑙作为根茎，用绿色的翡翠作为叶片，
　　　　用冰洁的白玉作为花瓣，用玲珑的琥珀作为花心。
　　　　她的颜色是绝世的西施，她的香气如醉人的合德，
　　　　她的体态似轻盈的飞燕，她的名字是传说的宓妃。

注释　　[1] 合德：赵飞燕之妹，以体香著称。见《飞燕外传》。
　　　　[2] 飞燕：汉成帝宫人，以体态轻盈而号飞燕，专宠十
　　　　　　余年。
　　　　[3] 宓妃：传说中洛水女神。民间传说，水仙是宓妃
　　　　　　所化。

点评　　退省先生云：莫清于水，莫灵于仙，此花可谓名称
　　　　其实。
　　　　梅花翁云：虽谓陈思一赋，为此花写照，犹恐唐突。

🍂 小园玩景　各有所宜

　　小园玩景，各有所宜：风宜环松杰阁，雨宜俯涧
轩窗，月宜临水平台，雪宜半山楼槛，花宜曲廊洞房，
烟宜绕竹孤亭，初日宜峰顶飞楼，晚霞宜池边小彴。
雷者天之盛怒，宜危坐佛龛；雾者天之肃气，宜屏居
邃阈[1]。

今译　园林玩景，有种种适宜的情形——
　　　　在松树环绕的高阁上适宜听风吟，
　　　　在俯视深涧的窗户前适宜听雨唱，
　　　　在临近池水的平台上适宜赏月光，
　　　　在山腰楼房的栏杆边适宜看雪色，
　　　　在回廊曲折的洞房里适宜看花态，
　　　　在修竹掩映的孤亭里适宜看烟景，
　　　　在峰顶飞翘的高楼上适宜看旭日，
　　　　在池塘边的独木桥上适宜看晚霞。
　　　　雷声隆隆震响是天地的盛怒之气，
　　　　这时应当端坐在佛龛里默默祈祷；
　　　　雾色迷濛晦暗是天地的肃杀之气，
　　　　这时应当退回到深屋里修身养性。

注释　[1] 屏居：退隐，屏客独居。邃闼：幽深的小门。

点评　云在曰：是十幅界画画。
　　　　二如曰：雷景鲜有能玩之者。

上天顺应物理　亦可逆反物理

　　高柳宜蝉，低花宜蝶，曲径宜竹，浅滩宜芦，此天与人之善顺物理，而不忍颠倒之者也。胜境属僧，

奇境属商，别院属美人，穷途属名士，此天与人之善
逆物理，而必欲颠倒之者也。

今译　高高的柳树适宜蝉声低唱，
　　　　低低的花丛适宜蝴蝶翩翩，
　　　　曲曲的小径适宜修竹掩映，
　　　　浅浅的河滩适宜芦花飘拂。
　　　　这是上天能善于顺应物理，
　　　　而不忍使它们颠倒的缘故；
　　　　名山胜景为僧人们所占有，
　　　　奇异境界为商人们所享受，
　　　　凄凉院宇为美人们所常住，
　　　　末路穷途为名士们所独有，
　　　　这是上天有意在逆反物理，
　　　　故意使得阴差阳错的情形。

点评　忏绮生云：庭树宜月。
　　　　蝶缘云：非颠倒则造化不奇。

名山镇俗　止水涤妄

名山镇俗，止水涤妄，僧舍避烦，莲花证趣。

今译　雄拔的名山可以遏制心里俗念；

宁静的止水可以涤除胸中妄情；

清寂的僧房可以躲避尘世烦恼；

不染的莲花可以印证佛禅妙趣。

点评　莲衣云：坐莲舫中，遂使四美具。

少郭云：余每过莲舫，见其舆盖阗塞，未知能避烦
否也。

稚兰云：为下一转语曰：老僧于此避烦。

从事实出发　不墨守成规

星象要按星实测，拘不得成图；河道要按河实浚，
拘不得成说；民情要按民实求，拘不得成法；药性要
按药实咀，拘不得成方。

今译　星象要按星辰的确切位置测量，

而没有必要拘泥于现成的记载；

河道要按河水的具体脉络疏通，

而没有必要束缚于既有的说法；

民情要按人民的实际情况推求，

而没有必要局限于前定的法规；

药性要按草药的本来性质咀嚼，

而没有必要掣肘于已往的配方。

点评　　退省子云：隐然睒天地人物。

　　　　　🌀胸中多乐趣　一笑天地春

　　奇山大水，笑之境也；霜晨月夕，笑之时也；浊
酒清琴，笑之资也；闲僧侠客，笑之侣也；抑郁磊落，
笑之胸也；长歌中令，笑之宣也；鹃叫猿啼，笑之和
也；棕鞋桐帽，笑之人也。

今译　　雄奇的大山，奔腾的江水，是大笑的境界；

　　　　　霜降的清晨，月皎的夜晚，是大笑的时辰；

　　　　　甘醇的美酒，清远的琴声，是大笑的工具；

　　　　　闲逸的僧人，豪侠的奇士，是大笑的伴侣；

　　　　　郁结的心绪，洒脱的情怀，是大笑的胸襟；

　　　　　恣肆的长诗，悠扬的词调，是大笑的宣泄；

　　　　　俊爽的鹃叫，哀切的猿啼，是大笑的应和；

　　　　　别致的棕鞋，新奇的桐帽，是大笑的主人。

点评　　玉泫生云：可作一则笑谱读。

名花别有致　只字难传神

臞字不能尽梅，淡字不能尽梨，韵字不能尽水仙，艳字不能尽海棠。

今译　　清臞不能说尽梅花，淡宕不能说尽梨花，
　　　　风韵不能说尽水仙，娇艳不能说尽海棠。

点评　　退省云：幽字不能尽兰，逸字不能尽菊。
　　　　兰丹云：曩于武原陈氏园池，见退红莲花数茎，实兼
　　　　臞、澹、韵、艳、幽、逸六字之胜。

花中饶奇趣　果叶艳于花

樱桃以红胜，金柑以黄胜，梅子以翠胜，葡萄以紫胜，此果之艳于花者也；银杏之黄，乌桕之红，古柏之苍，筼筜之绿，此叶之艳于花者也。

今译　　樱桃以果实殷红擅长，金柑以果实橙黄见长，
　　　　梅子以果实青翠见长，葡萄以果实绛紫见长，
　　　　这是果美于花的范例；银杏树叶子灿灿金黄，
　　　　乌桕树叶子殷殷深红，松柏的针叶深碧凝重，

竹子的叶片翠绿欲滴，这是叶美于花的典型。

点评　享帚生云：果之妙，至荔枝而极；枝之妙，至杨柳而极；叶之妙，至贝多而极；花之妙，至兰蕙而极。枝叶并妙者莫如松柏，花叶并妙者莫如水仙，花果并妙者莫如梅花，叶茎果无一不妙者莫如莲。

❧ 俗物生恶

脂粉长丑，锦绣长俗，金珠长悍。

今译　脂粉会增添人的丑态，
　　　　锦绣会增长人的俗气，
　　　　金珠会增加人的蛮横。

点评　香祖云：与富而丑，宁贫而美；与美而俗，宁丑而才；与才而悍，宁俗而淑。

❧ 天然生绿意

雨生绿萌，风生绿情，露生绿精。

今译　雨水孕育绿的萌芽；
　　　　清风携来绿的情致；
　　　　露珠滋生绿的精华。

点评　省缘云：烟生绿魂，月生绿神。
　　　　竹侬云：香生绿心。

树

村树宜诗，山树宜画，园树宜词。

今译　村里的树适宜吟诗，
　　　　山里的树适宜绘画，
　　　　园里的树适宜填词。

点评　云在曰：密树宜风，古树宜雪，远树宜云。

抟土成金　感香成梦

抟土成金，无不满之欲；画笔成人，无不偿之愿；缩地成胜，无不扩之胸；感香成梦，无不证之因。

今译　握土成金，没有不能满足的愿望；

画笔成人，没有不能实现的希求；

缩地成胜，没有不能拓展的心胸；

感香成梦，没有不能印证的因缘。

点评　冶水云：炼香为心，无不艳之笔。

    天地万物　皆着情字

鸟宣情声，花写情态，香传情韵，山水开情窟，天地辟情源。

今译　百鸟宣泄情感的声音，鲜花体现情感的形态，

香气传达情感的风韵，山水创造情感的生命，

天地开辟情感的泉源。

点评　月舟云：雨濯情苗，月生情蒂。

萝月主人云：灯证情禅。

忏绮生云：诗孕情因，画契情缘，琴圆情趣。

种梅种柳

将营精舍先种梅，将起画楼先种柳。

今译　想建造修心养性的精舍，一定要先种梅花；
想建造怡情娱目的画楼，一定要先种柳树。

点评　箬溪云：将架曲廊先种竹，将辟水窗先种莲。

人心有别　兴趣不同

词章满壁，所嗜不同；花卉满圃，所指不同；粉黛满座，所视不同。

今译　诗词文章题满墙壁，各人的爱好别有不同；
奇花异草种满园圃，各人的兴趣互有差异；
美丽女子坐满房间，各人的注意自有焦点。

点评　莲生云：江湖满地，所寄不同。

爱知憎　憎知怜

爱则知可憎，憎则知可怜。

今译　因爱慕才知道它的可憎，因憎恶才知道它的可怜。

点评　紫蕙云：怜则知可节取。

闭户出尘　读书享福

云何出尘？闭户是；云何享福？读书是。

今译　什么是潇洒出尘？关门静心就是；
什么是享受清福？读书养性就是。

点评　澧荪云：闭户读书，尘中无此福也。

利字之妙谛　劝勤而戒贪

利字从禾，利莫甚于禾，劝勤耕也；从刀，害莫甚于刀，戒贪得也。

今译　利字的左边是个禾字，利益没有大于禾的，
　　　　这是劝诫人们应勤勉耕种福田；
　　　　利字的右边是个刀字，危害没有大于刀的，
　　　　这是警告人们要小心遏制贪欲。

点评　春山云：酒从水，言易溺也；从酉，酉属金，亦是
　　　　兵象。

乍得乍失　乍怒乍喜

乍得勿与，乍失勿取，乍怒勿责，乍喜勿诺。

今译　忽然得到时，不要给予什么；
　　　　忽然失去时，不要剥夺什么；
　　　　忽然发怒时，不要责备什么；
　　　　忽然欣喜时，不要承诺什么。

点评　戒定生云：乍责勿任，乍诺勿疑。

待人不可偶改容　律己不可偶改度

　　素深沉，一事坦率便能贻误；素和平，一事愤激便足取祸。故接人不可以猝然改容，持己不可以偶尔改度。

　　今译　　一向深沉，一桩事来不及考虑就会做坏；
　　　　　　一向和平，一桩事耐不住性子就会招祸。
　　　　　　所以修身处世的真谛就是要时时谨慎：
　　　　　　与人交往，不能突然改变处事之风格；
　　　　　　修养自身，不能在任何时候失去准则。

　　点评　　无碍云：深沉人要光明，和平人要严肃。

不轻言　不轻斗　不轻进

　　有深谋者不轻言，有奇勇者不轻斗，有远志者不轻干进。

　　今译　　有深沉谋略的人，不轻率说话；
　　　　　　有奇特勇气的人，不轻易争斗；

有远大志向的人，不轻易躁进。

点评　心白云：有侠肠者不轻施报。

和平谐俗　恭敬陶世　宽厚以容物

孤洁以骇俗，不如和平以谐俗；啸傲以玩世，不如恭敬以陶世；高峻以拒物，不如宽厚以容物。

今译　与其孤芳自赏惊俗骇众，不如雍容平易和光同尘；
　　　与其啸咏傲兀轻蔑尘世，不如谦恭温厚陶醉尘世；
　　　与其清高严峻不能容人，不如心地仁厚宽容别人。

点评　心逸云：能和平方许孤洁，能恭敬方许啸傲，能宽厚方许高峻。

冬宜焚香供梅　夏宜垂帘供兰

冬室密，宜焚香；夏室敞，宜垂帘。焚香宜供梅，垂帘宜供兰。

今译　冬天房间遮挡严密，适宜焚香；

夏天房间宽敞通风，适宜挂帘。

焚香时适宜养植梅花；垂帘时适宜养植兰草。

点评　证泪生云：焚香供梅，宜读陶诗；垂帘供兰，宜读楚分。

　清事交互映衬　清玩愉悦人心

楼无重檐则蓄鹦鹉，池无杂影则蓄鹭鸶，园有山始蓄鹿，水有藻始蓄鱼。蓄鹤则临沼围栏，蓄燕则沿梁承板，蓄狸奴则墩必装褥，蓄玉猧则户必垂花，微波菡萏多蓄彩鸳，浅渚菰蒲多蓄文蛤，蓄雉则镜悬不障，蓄兔则草长不除，得美人始蓄画眉，得侠客始蓄骏马。

今译　楼房没有重檐，则适宜养鹦鹉；

池塘没有杂影，则适宜养鹭鸶。

园子里有小山，才可以养鹿；

水池里有藻荇，才可以养鱼。

养鹤，应当在池沼边围栏杆；

养燕，应当在屋梁下放木板。

养猫，须在木墩上包裹锦褥；

养狗，须在门户上垂下花草。

荷塘微波漾，适宜鸳鸯成对；

沙洲春水浅，适宜文蛤生长。

养山鸡，就不要遮挡住明镜；

养白兔，就不必修剪掉杂草。

得到美人，就可以蓄养画眉；

得到侠客，就可以蓄养骏马。

点评　梅曝云：有曲廊洞房，药炉茶臼，始蓄丽姝；有名花美
　　　　酒，象板凤笙，始蓄歌伎。

　　　　　天地贵中庸　凡事戒于任

任气语少一句，任足路让一步，任笔文检一番[1]。

今译　放任性子的话语少说一句；

　　　　放任脚步的道路让开一步；

　　　　放任笔墨的文章检点一番。

注释　[1] 任笔文：未加推敲的文章。

点评　问渔云：少一句气恬，让一步路宽，检一番文完。

❧ 附庸风雅　贻笑大方

　偏是市侩喜通文，偏是俗吏喜勒碑，偏是恶妪喜诵佛，偏是书生喜谈兵。

今译　偏偏是市井小人喜欢满口文辞，
偏偏是粗俗官吏喜欢刻碑自誉，
偏偏是凶狠老妇喜欢焚香念佛，
偏偏是浮夸书生喜欢纸上谈兵。

点评　信甫云：偏是枯僧喜见女色。
子镜云：偏是贫士喜挥霍。

❧ 真好色不淫　真爱色不滥

真好色者必不淫，真爱色者必不滥。

今译　真正好色的绝对不会放纵淫欲；
真正爱色的绝对不会滥施感情。

点评　仲鱼云：拈花以微笑而止，饮酒以微醺而止。

侠士勿轻结　美人勿轻盟

侠士勿轻结，美人勿轻盟，恐其轻为我死也。

今译　豪侠之士不要轻易结交，绝代佳人不要轻易订盟，因为害怕一旦订了盟誓，他们会毫不犹豫地为我献身。

点评　心白云：猛将勿轻谒，豪贵勿轻依，恐其轻任我以死也。

宁受嗟来之食　勿受敬礼之恩

宁受呼蹴之惠，勿受敬礼之恩。

今译　宁愿去接受呼三喝四的赏赐，也不要接受恭敬有礼的恩惠。

点评　问渔云：呼蹴不报而亦安，敬礼虽报而犹歉。

贫贱少攀援　患难少请乞

　　贫贱时少一攀援，他日少一掣肘；患难时少一请乞，他日少一疚心。

今译　　贫贱时不随便求人，日后少一分牵扯；
　　　　　患难时不轻易乞求，日后少一分内疚。

点评　　仙洲云：富贵时少一威福，他日少一后悔。

以弊止弊　以利兴利

　　舞弊之人能防弊，谋利之人能兴利。

今译　　作弊的人能够防止作弊；谋利的人能够带来利益。

点评　　沈箬溪云：利无小弊，虽兴不广；弊有小利，虽除
　　　　　不尽。

借疑　借察

善诈者借我疑，善欺者借我察。

今译　老奸巨猾的人可以锻炼我的怀疑能力；
虚伪欺骗的人可以促进我的洞察水平。

点评　安航云：故疑召诈，察召欺。

英雄割爱　奸雄割恩

英雄割爱，奸雄割恩。

今译　英雄抛弃得下爱情，奸雄割舍得下恩义。

点评　兰舟云：爱根不断，终为儿女累。

自然之利勿私　自然之害不治

天地自然之利，私之则争；天地自然之害，治之无益。

今译　天地创造的自然的利益，
想据为己有，必将导致争斗；
天地安排了自然的灾害，
若加以治理，不过徒劳无益。

点评　箬溪钓师云：因所欲而与之，其利溥矣；若其性而导
之，其功伟矣。

世运不同　诗风亦变

汉魏诗象春，唐诗象夏，宋元诗象秋，有明诗
象冬。

今译　汉魏诗像生机蓬勃的春天，
唐代诗像繁盛茂密的夏天，
宋元诗像清爽萧疏的秋天，
明代诗像风度凝远的冬天。

点评　蕙侬云：六朝诗象残春，晚唐诗象残暑。

治学登峰造极　方能所向无敌

鬼谷子方可游说，庄子方可诙谐，屈子方可牢愁，董子方可议论。

今译　有鬼谷的辩才才能游说四方，
有庄子的智慧才能诙谐幽默；
有屈原的忧愤才能陷入忧愁；
有董子的深刻才能议论是非。

点评　玉泫云：留侯方可持筹，淮阴方可推毂。
无碍云：老子是兵家之祖，鬼谷是法家之祖，庄子是词章家之祖。

唐人之诗　多类名花

唐人之诗多类名花：少陵似春兰幽芳独秀，摩诘似秋菊冷艳独高，青莲似绿萼梅仙风骀荡，玉溪似红萼梅绮思便娟[1]，韦、柳似海红古媚在骨，沈、宋似紫薇矜贵有情，昌黎似丹桂天葩洒落，香山似芙渠慧相清奇，冬郎似铁梗垂丝[2]，阆仙似檀心磬口[3]，长吉似优昙钵彩云拥护[4]，飞卿似曼陀罗璃月玲珑。

今译　唐人的诗大多像名花——

杜甫诗似春兰，幽芳独秀；

王维诗似秋菊，冷艳孤高；

李太白诗似绿萼梅花，仙风荡漾；

李商隐诗似红萼梅花，绮艳婀娜；

韦应物、柳宗元诗似红山茶，气骨古媚；

沈佺期、宋之问诗似紫薇花，矜贵有情；

韩昌黎诗似月中的丹桂，花瓣洒落；

白居易诗似洁净的莲花，慧相清奇；

韩偓诗似垂丝铁梗海棠；

贾岛诗似檀香磬口腊梅；

李长吉诗似优昙钵花，彩云环绕；

温庭筠诗似曼陀罗花，月色玲珑。

注释　[1] 便娟：苗条貌。

[2] 铁梗：也称贴梗。海棠品种之一。丛生单叶，花五
出，初极红，如胭脂点点。垂丝：海棠品种之一。
树生柔枝长蒂，花色浅红，花瓣丛密。见《广群芳
谱·花谱·海棠》。

[3] 檀香：檀香梅。腊梅的一种，花色深黄如紫檀，花
密香浓，故名檀香梅。磬口：腊梅的一种，虽盛
开，花常半含，名磬口，言其似僧磬之口。见宋范
成大《范村梅谱》。

[4] 优昙钵：原作"优钵昙"，此据文意改。佛教认为，
优昙钵花为世间所无，三千年开花一次，为祥瑞灵

异之所感，乃佛之瑞应。见《一切经音义》卷八、
《法华文句》卷四。

点评　啸琴云：微之似水外绯桃，牧之似雨中红杏。

幽梦续影跋

　　余重刊《幽梦影》，既藏吴门潘椒坡明府，远自临湘任所寄示以《幽梦续影》，谓为镇洋朱撷筠大令所著，其弟伯寅尚书所刊，曷不并入，以成合璧。余受而读之，觉词句隽永，与前书颉颃，一新耳目。爰体明府之意趣，付手民。愿与阅是书者，共探其奥而索其旨焉。

　　　　　　　　　光绪七年季春月仁和葛元煦理斋识

图书在版编目(CIP)数据

幽梦影/(清)张潮著;吴言生译注. 幽梦续影/
(清)朱锡绶著;吴言生译注. —上海:上海古籍出版
社,2016.8(2017.7重印)
(禅境丛书)
ISBN 978-7-5325-8138-2

Ⅰ.①幽… ②幽… Ⅱ.①张… ②朱… ③吴… Ⅲ.
①人生哲学—中国—清代②《幽梦影》—译文③《幽梦影》
—注释 Ⅳ.①B825

中国版本图书馆 CIP 数据核字(2016)第 137529 号

禅境丛书

幽梦影 幽梦续影

〔清〕张潮 〔清〕朱锡绶 著

吴言生 译注

上海世纪出版股份有限公司
上 海 古 籍 出 版 社 出版

(上海瑞金二路 272 号 邮政编码 200020)
(1)网址:www.guji.com.cn
(2)E-mail:guji1@guji.com.cn
(3)易文网址:www.ewen.co

上海世纪出版股份有限公司发行中心发行经销
启东市人民印刷有限公司印刷

开本 850×1168 1/32 印张 7.125 插页 3 字数 177,000
2016 年 8 月第 1 版 2017 年 7 月第 2 次印刷
印数:8,101 — 9,150
ISBN 978-7-5325-8138-2
Ⅰ·3082 定价:26.00 元

如发生质量问题,读者可向工厂调换